확률의 춤
일상을 뒤바꾸는 수학의 마법

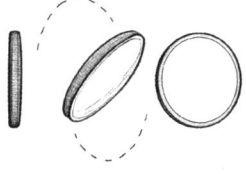

확률의 춤
일상을 뒤바꾸는 수학의 마법

김상현 지음

루미너리북스

✦ 들어가며

 오늘날 우리는 "확률"이라는 말을 참 자주 씁니다. 주말마다 사는 로또, 일기예보 속의 강수 확률, 투자 상품의 기대 수익률, 심지어 스포츠 승부 예측까지. 어느새 '확률'은 우리의 언어 속에 깊이 자리 잡았고, "운이 좋았다"는 말은 그저 기분이 아닌 통계의 영역이 되었습니다.

 하지만 우리는 그 숫자들을 정말로 이해하고 있을까요? '50% 확률'이라면 반반이라는 뜻일까요? "이럴 줄 알았어"라는 감정은 정말로 예측력에서 나온 걸까요, 아니면 착각에서 시작된 걸까요?

 이 책에서는 수학 교과서 속 개념으로만 존재하던 '확률'을 일상의 언어로 다시 불러내려 합니다. '확률'은 결코 멀리 있지 않습니다. 누군가를 만나는 우연, 주식을 사는 결정, 알고리즘이 추천하는 콘텐츠까지, 모든 순간에는 보이지 않는 수학의 손길이 섬세하게 움직이고 있습니다.

 스무 개의 장을 통해 확률이 감춰온 다채로운 이야기들이 펼쳐집니다. 로또 번호가 품은 수학적 아름다움, 주식 시장을 휩쓰는 군집 심리의 파도, 양자역학이 드러내는 세계의 근본적 불확정성, 법정에서 진실을 가려내는 베이즈의 논리, 그리고 인공지능이 인간의 마음을 읽어내는 신비로운 방식까지—이 모든 이야기는 다양한 영역에서 작동하는 확률의 원리를 풀어내며, 숫자를 통해 세상을 더 깊이 이해하려는 시도를 담고 있습니다.

이러한 탐구가 가능해진 것은 최근 전 세계 데이터에 대한 확률적 분석이 폭발적으로 발전했기 때문입니다. 덕분에 우리는 놀라운 사실들을 발견할 수 있었습니다. 인간의 의사결정이 생각보다 훨씬 예측 가능하다는 것, 우연처럼 보이는 수많은 일들이 사실은 숨겨진 패턴의 지배를 받고 있다는 것 말입니다.

특히 지난 몇 년 사이 알고리즘이 인간의 취향을 예측하고 때로는 조작까지 할 수 있다는 사실이 명확해졌습니다. 우리는 이미 확률적 사고 없이는 살아갈 수 없는 세상에 서 있습니다. 확률적 패턴의 작은 조각들이 일상 곳곳에서 만들어내는 현상들, 우연과 필연 사이의 미묘한 경계를 탐구하는 연구들이 지금 이 순간에도 활발히 진행되고 있습니다. 과학자들은 오래전부터 운과 실력의 복잡한 관계를 파헤쳐왔습니다. 최근에는 빅데이터와 첨단 통계 기법이 결합되면서, 성공을 둘러싼 확률적 메커니즘에 대한 새로운 통찰들이 속속 등장하고 있습니다.

이제 우리는 불확실성으로 가득한 현대를 살아가는 우리의 환상적인 여행기를 확률에 기반해 추적할 수 있게 되었습니다. 이 흥미진진한 모험의 이야기를 함께 나누고 싶습니다.

물론, 이 책은 시험을 위한 수학 참고서도 아니고, 수식으로 가득한 전공 서적도 아닙니다. 오히려 확률을 생각의 틀로 삼고 싶은 사람들을 위한 책입니다. 불확실한 세상에서, 더 나은 결정을 내리고 싶은 사람들을 위한, '확률적 사고'를 연습하는 연습장 같은 책이기를 바랍니다.

확률이 단순히 계산의 문제가 아니라 우리가 세상을 어떻게 해석하고 살아가는가에 관한 이야기라는 것을, 이 책을 통해 함께 느껴보시길 바랍니다.

당신의 일상 속에도, 숫자들은 분명 춤추고 있습니다.

그 춤을 함께 추어볼 준비가 되셨나요?

들어가며

차 례

- 들어가며 6

1장 | 동전 던지기의 비밀　13
2장 | 주사위와 확률의 춤　29
3장 | 카드의 마법: 순열과 조합　43
4장 | 로또의 확률적 진실　55
5장 | 날씨 예보의 확률 게임　69

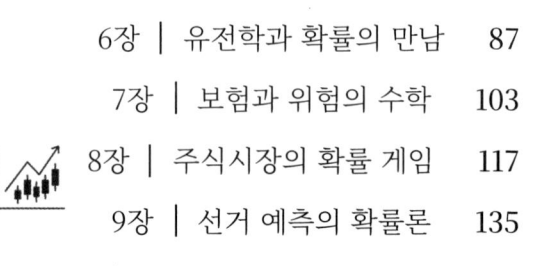

6장 | 유전학과 확률의 만남　87
7장 | 보험과 위험의 수학　103
8장 | 주식시장의 확률 게임　117
9장 | 선거 예측의 확률론　135
10장 | 범죄 수사와 베이즈 정리　149

11장 | 양자역학과 확률의 춤　161

12장 | 생태계의 확률 모델　173

13장 | 뇌과학과 의사결정 이론　191

14장 | 인공지능과 기계학습　207

15장 | 암호학과 난수의 세계　225

16장 | 통계적 학습 이론　243

17장 | 확률 과정과 시계열 분석　261

18장 | 대규모 네트워크의 확률론　275

19장 | 정보 기하학과 확률론　293

20장 | 무한차원 확률론　307

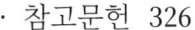

· 참고문헌　326

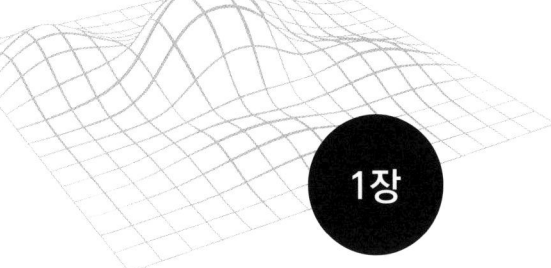

1장

$E[aX+b] = a \cdot E[X] + b$

동전 던지기의 비밀

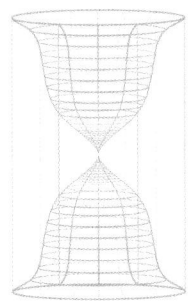

$Var(X) = E[X^2] - (E[X])^2$

동전 던지기의
비밀

 우리는 매일 수많은 불확실한 상황에 직면합니다. 오늘 비가 올까요? 다음 주 로또에 당첨될 수 있을까요? 새로운 직장으로 이직하면 성공할 수 있을까요? 이러한 불확실성을 다루는 학문이 바로 확률론입니다. 확률론은 우리 주변의 불확실한 사건들을 수학적으로 분석하고 예측하는 도구를 제공합니다. 그리고 이 확률론의 기본을 이해하는 데 가장 좋은 예시가 바로 '동전 던지기'입니다. 동전 하나만 있으면 누구나 할 수 있는 이 행위 속에는 확률의 깊은 원리가 숨어 있습니다.
 여러분은 동전을 던졌을 때 앞면이 나올 확률이 얼마라고 생각하시나요? 대부분의 사람들은 "50%"라고 대답할 것입니다. 그런데 잠깐, 이 대답의 근거는 무엇일까요? 우리가 50%라고 말하는 이유는 동전의 양면이 동등하게 나올 수 있다는 가정 때문입니다. 이것이 바로 확률론의 가장 기본적인 개념인 '동등 가능성의 원리 Principle of Equal Likelihood'입니다. 하지만 이 원리가 항상 옳은 것일까요?

 실제로 여러분이 주머니에서 동전을 꺼내 탁자 위에 올려둔다면, 그 동전이 앞면인지 뒷면인지는 이미 결정되어 있습니다. 그렇다면 확률은 어디에 있을까요? 바로 우리의 '무지ignorance'에 있습니다. 우리가 결과를 모르기 때문에 확률이 의미를 갖는 것입니다.

 동등 가능성의 원리는 18세기 프랑스의 수학자 피에르-시몽 라플라스Pierre-Simon Laplace가 체계화한 개념입니다. 라플라스는 "확률론은 상식을 수학으로 환원한 것에 불과하다"라고 말했습니다. 이 원리에 따르면, 어떤 사건의 모든 가능한 결과가 동등하게 일어날 수 있다면, 각 결과의 확률은 전체 경우의 수로 나눈 값이 됩니다.

 동전 던지기의 경우를 구체적으로 살펴보겠습니다. 가능한 결과는 앞면Head과 뒷면Tail 두 가지입니다.

 라플라스의 원리에 따라 각각의 확률을 계산하면:

· **앞면이 나올 확률**
 = 앞면인 경우의 수 / 전체 경우의 수 = 1/2 = 0.5 = 50%

· **뒷면이 나올 확률**
 = 뒷면인 경우의 수 / 전체 경우의 수 = 1/2 = 0.5 = 50%

이처럼 각 결과의 확률이 1/2 또는 50%가 되는 것입니다.

하지만 여기서 흥미로운 질문이 떠오릅니다. 실제로 동전을 100번 던졌을 때, 정확히 50번 앞면이 나오는 경우는 과연 얼마나 될까요? 놀랍게도 그런 경우는 매우 드뭅니다. 때로는 48번, 때로는 53번, 때로는 45번 등 다양한 결과가 나올 수 있습니다.

그렇다면 우리의 이론이 틀린 것일까요? 그렇지 않습니다. 이는 확률이 단기적으로는 예측과 다를 수 있지만, 시행 횟수가 늘어날수록 이론적 확률에 가까워진다는 '큰 수의 법칙Law of Large Numbers'을 보여줍니다.

큰 수의 법칙을 이해하기 위해 구체적인 시뮬레이션을 해보겠습니다:

· **10번 던지기**

앞면이 7번 나왔다면 70%의 확률처럼 보입니다.

이론값 50%와 20%나 차이가 납니다.

· **100번 던지기**

앞면이 53번 나왔다면 53%입니다.

이론값과의 차이가 3%로 줄어들었습니다.

· **1,000번 던지기**

앞면이 508번 나왔다면 50.8%입니다.

차이가 0.8%로 더욱 줄어들었습니다.

· **10,000번 던지기**

앞면이 5,024번 나왔다면 50.24%입니다.

차이가 0.24%에 불과합니다.

· **100,000번 던지기**

앞면이 50,089번 나왔다면 50.089%입니다.

차이가 0.089%로 거의 오차 범위입니다.

 이처럼 시행 횟수가 늘어날수록 실제 결과는 이론적 확률인 50%에 점점 더 가까워지는 것을 볼 수 있습니다. 이것이 바로 큰 수의 법칙의 핵심입니다.

 큰 수의 법칙은 17세기 스위스 수학자 야코프 베르누이Jacob Bernoulli가 남긴 대표적인 업적으로, 그의 사후인 1713년에 유고집 『Ars Conjectandi』에 처음 발표되었습니다.

 베르누이는 이 정리를 증명하기 위해 20년 가까이 고심했다고 전해지며, 후대에서는 이를 '베르누이의 황금 정리'라고 부르기도 합니다. 베르누이는 동전 던지기처럼 성공(앞면)과 실패(뒷면) 두 가지 결과만 있는 실험을 체계적으로 분석했습니다. 이러한 실험을 현재 '베르누이 시행Bernoulli Trial'이라고 부릅니다.

 베르누이 시행의 조건은 다음과 같습니다:

- 각 시행은 독립적입니다.
- 각 시행에서 성공 확률은 일정합니다.
- 결과는 성공 또는 실패 두 가지뿐입니다.

베르누이는 이러한 조건 하에서 시행 횟수가 무한대로 갈 때, 성공 비율이 이론적 확률에 수렴한다는 것을 수학적으로 증명했습니다. 이는 현대 확률론과 통계학의 기초가 되는 중요한 발견이었습니다. 동전 던지기 실험은 역사적으로도 중요한 의미를 가집니다. 19세기 말, 프랑스의 수학자 앙리 푸앵카레Jules Henri Poincaré는 동전 던지기를 통해 우연성의 본질에 대해 깊이 탐구했습니다. 푸앵카레는 흥미로운 질문을 던졌습니다: "동전의 초기 조건(던지는 힘, 각도, 높이 등)이 미세하게 변할 때 결과가 어떻게 달라질까?" 그의 연구 결과는 놀라웠습니다. 동전을 던지는 순간의 아주 작은 차이가 최종 결과에 결정적인 영향을 미친다는 것이었습니다. 예를 들어, 동전을 던질 때 초기 속도가 1% 달라지거나, 던지는 각도가 1도만 달라져도 앞면과 뒷면 중 어느 것이 나올지가 완전히 바뀔 수 있습니다. 이는 우리가 일상에서 경험하는 많은 불확실성의 근원을 설명해줍니다.

푸앵카레의 이런 연구는 현대의 혼돈 이론Chaos Theory으로 발전했습니다. 혼돈 이론은 초기 조건의 작은 변화가 시간이 지남에 따라 큰 차이를 만들어낼 수 있다는 이론입니다. 이는

'나비 효과'라는 개념으로 널리 알려져 있습니다. 우리 일상생활에서도 확률은 중요한 역할을 합니다. 예를 들어, 보험사들은 확률론을 이용해 보험료를 책정합니다. 30대 남성이 교통사고를 당할 확률, 50대 여성이 특정 질병에 걸릴 확률 등을 계산하여 적정한 보험료를 결정하는 것입니다. 이를 위해 보험사들은 대규모의 통계 데이터를 분석하고, 확률 모델을 구축합니다. 예를 들어, 30대 남성 100,000명 중 1년간 교통사고를 당한 사람이 500명이라면, 교통사고 확률은 0.5%로 추정할 수 있습니다. 또한, 의학 분야에서는 새로운 치료법의 효과를 판단할 때 확률론적 방법을 사용합니다. 임상 시험 결과가 우연히 발생한 것인지, 실제로 효과가 있는 것인지를 구분하는 데 확률론이 핵심적인 역할을 합니다. 예를 들어, 새로운 항암제를 투여받은 환자 그룹과 위약을 투여받은 대조군의 생존율 차이가 통계적으로 유의미한지를 확률적으로 분석합니다. 이를 통해 새로운 치료법의 효과를 과학적으로 입증할 수 있습니다. 동전 던지기에서 흥미로운 점은 '공정한' 동전과 '불공정한' 동전의 차이입니다. 공정한 동전은 앞면과 뒷면이 나올 확률이 정확히 1/2인 동전을 말합니다. 하지만 현실에서는 완벽하게 공정한 동전을 만들기 어렵습니다.

 실제 동전의 불공정성은 여러 요인에서 비롯됩니다:

· 무게 중심의 편중

동전의 앞면과 뒷면에 새겨진 문양이 다르면 무게 중심이 미묘하게 달라집니다. 예를 들어, 한국의 500원 동전은 뒷면에 학이 새겨져 있어 앞면보다 약간 무겁습니다.

· 제조 과정의 오차

동전을 제조할 때 발생하는 미세한 오차로 인해 완벽한 대칭을 이루기 어렵습니다.

· 마모와 손상

오래 사용된 동전은 한쪽 면이 더 많이 마모되어 무게 분포가 달라질 수 있습니다.

이러한 불공정한 동전을 수학적으로 표현하면, 공정한 동전에서 앞면이 나올 확률 P(앞면) = 0.5이지만, 불공정한 동전에서는 P(앞면) ≠ 0.5입니다. 만약 약간 불공정한 동전에서 P(앞면) = 0.52라면, 이 동전을 1,000번 던졌을 때 평균적으로 520번 정도 앞면이 나올 것으로 예상할 수 있습니다. 그런데 이러한 미세한 불공정성을 어떻게 발견할 수 있을까요?

동전의 불공정성을 검출하기 위해서는 충분히 많은 횟수의 시행과 통계적 분석이 필요합니다. 100번 정도의 시행으로는 0.52와 0.5의 차이를 명확히 구분하기 어렵지만, 10,000번 이상 던지면 그 차이가 뚜렷해집니다.

통계학에서는 이를 '가설 검정Hypothesis Testing'이라는 방법으로 분석합니다. 귀무가설을 "동전은 공정하다(P = 0.5)"로 설정하고, 실험 결과가 이 가설과 얼마나 다른지를 측정합니다. 예를 들어, 10,000번 던져서 앞면이 5,200번 나왔다면, 이것이 우연히 발생할 확률은 매우 낮습니다. 정확한 계산을 해보면, 공정한 동전을 10,000번 던져서 5,200번 이상 앞면이 나올 확률은 약 0.006% 정도입니다. 이는 거의 불가능한 일이므로, 이 동전은 불공정하다고 결론내릴 수 있습니다.

큰 수의 법칙은 도박사들의 착각을 설명하는 데도 유용합니다. 일부 도박사들은 '운이 좋다'거나 '나쁘다'고 믿으며, 이전 결과가 미래의 결과에 영향을 준다고 생각합니다. 하지만 이는 완전히 잘못된 생각입니다. 예를 들어, 룰렛에서 빨간색이 10번 연속으로 나왔다고 가정해봅시다. 많은 사람들은 "이제 검은색이 나올 차례다"라고 생각합니다. 하지만 실제로는 다음 번에도 빨간색이 나올 확률과 검은색이 나올 확률은 여전히 동일합니다. 이를 '도박사의 오류 Gambler's Fallacy'라고 부릅니다.

도박사의 오류는 독립 사건의 개념을 이해하지 못해 발생합니다. 독립 사건이란 한 사건의 발생이 다른 사건의 확률에 영향을 주지 않는 경우를 말합니다. 동전 던지기에서 각 시행은 독립 사건입니다.

이를 더 구체적으로 설명하면:

- **1번째 던지기:** 앞면이 나올 확률 = 50%
- **2번째 던지기:** 앞면이 나올 확률 = 50% (1번째 결과와 무관)
- **3번째 던지기:** 앞면이 나올 확률 = 50% (1, 2번째 결과와 무관)

즉, 이전에 앞면이 연속으로 나왔다고 해서 다음 번에 뒷면이 나올 확률이 높아지는 것이 아닙니다. 매 시행마다 앞면과 뒷면의 확률은 항상 동일합니다.

동전 던지기의 원리는 현대 과학기술에도 광범위하게 적용됩니다. 컴퓨터 과학에서는 '랜덤화 알고리즘Randomized Algorithm'이라는 기법을 사용합니다. 이는 문제 해결 과정에 무작위성을 도입하여 효율성을 높이는 방법입니다. 구글의 페이지랭크PageRank 알고리즘은 웹 서핑을 하는 사용자를 무작위로 링크를 클릭하는 '랜덤 서피Random Surfer'로 모델링합니다. 이 가상의 서퍼가 각 웹페이지에 머무르는 시간을 계산하여 페이지의 중요도를 결정합니다. 컴퓨터 보안 분야에서도 암호화 키를 생성할 때 동전 던지기와 같은 무작위 과정이 필요합니다. 예측 가능한 패턴이 있다면 암호가 쉽게 해독될 수 있기 때문입니다.

또한 몬테카를로 시뮬레이션이라는 방법은 복잡한 수학적 문제를 해결할 때 무작위 샘플링을 이용합니다. 예를 들어, 원주율(π)의 값을 구하거나 복잡한 적분을 계산할 때 사용됩니다.

동전 던지기의 비밀

더 나아가, 양자역학에서는 입자의 상태를 확률적으로 기술합니다. 유명한 '슈뢰딩거의 고양이' 사고실험은 양자 상태의 중첩을 동전의 앞면과 뒷면에 비유하여 설명합니다. 기존 컴퓨터의 비트가 0 또는 1의 값만 가질 수 있다면, 양자 컴퓨터의 큐비트qubit는 0과 1의 중첩 상태를 가질 수 있습니다. 이는 마치 공중에 던져진 동전이 앞면도 뒷면도 아닌 상태에 있는 것과 같습니다. 양자 컴퓨터는 이러한 양자 상태의 중첩을 이용하여 기존 컴퓨터보다 훨씬 빠른 연산을 수행할 수 있습니다. 이처럼 단순한 동전 던지기의 원리가 현대 물리학의 가장 깊은 곳까지 영향을 미치고 있는 것입니다. 대표적인 예가 앞서 간단히 소개했던 구글의 페이지랭크 알고리즘입니다.

확률론은 우리의 직관을 종종 배반합니다. 생일 문제라는 유명한 퍼즐을 살펴보겠습니다. "23명만 모여도 그중 두 사람의 생일이 같을 확률이 50%를 넘는다"는 것인데, 대부분의 사람들은 이를 믿기 어려워합니다. 이 문제를 해결하기 위해 '여사건'의 개념을 이용합니다. 23명 중 두 사람의 생일이 같을 확률을 직접 계산하는 대신, 모든 사람의 생일이 다를 확률을 계산하고 이를 1에서 뺍니다.

계산 과정은 다음과 같습니다:

첫 번째 사람: 365일 중 아무 날이나 가능 = 365/365
두 번째 사람: 첫 번째와 다른 날 = 364/365

세 번째 사람: 앞의 두 사람과 다른 날 = 363/365

...

23번째 사람: 앞의 22명과 다른 날 = 343/365

모든 사람의 생일이 다를 확률

= (365/365) × (364/365) × (363/365) × ... ×(343/365)

≈ 0.4927

따라서 적어도 두 사람의 생일이 같을 확률

= 1 - 0.4927 ≈ 0.5073 = 50.73%

 이처럼 확률적 사고는 우리의 직관과 다른 결과를 보여주기도 합니다.

 앞으로 확률론은 더욱 중요해질 것입니다. 빅데이터와 인공지능의 시대에 확률적 사고는 필수적입니다. 자율주행차가 안전하게 주행할 확률, 특정 광고가 클릭될 확률, 신약이 효과를 낼 확률 등을 정확히 예측하는 것이 미래 기술의 핵심이 될 것입니다. 자율주행차는 주변 환경을 인식하고 다른 차량의 움직임을 예측하는 데 확률 모델을 사용합니다. 예를 들어, 앞차가 갑자기 브레이크를 밟을 확률, 보행자가 도로로 뛰어들 확률, 신호등이 바뀔 확률 등을 종합적으로 고려하여 가장 안전한 주행 경로를 계산합니다. 의료 분야에서도 의료진은 환자의 증상을 바탕으로 특정 질병일 확률을 계산합니다. 이때 베이지안 추론이 활용되는데, 새로운 검사 결과가 나올 때마다 진단 확률을 업데이트합니다. 넷플릭스나 유튜브 같은 플랫폼은 사용자가 특정 콘텐츠를 좋아할 확률을 계산하여 개인화된 추천을 제공합니다.

 동전 던지기는 겉보기에는 무작위적이고 예측 불가능해 보입니다. 하지만 그 속에는 확률론의 근본 원리들이 담겨 있습니다. 동등 가능성의 원리, 큰 수의 법칙, 독립성, 베르누이 시행 등 확률론의 핵심 개념들이 이 작은 금속 조각의 움직임 속에서 살아 숨쉬고 있습니다. 더 중요한 것은 이러한 원리들이 우리 일상생활의 여러 영역에 적용된다는 점입니다. 보험료 계산, 의료 진단, 투자 결정, 품질 관리, 날씨 예보까지, 현대 사회의 많은 분야에서 확률적 사고가 활용되고 있습니다.

 동전 던지기를 통해 우리는 불확실성이 두려움의 대상이 아니라는 것을 배웁니다. 오히려 불확실성을 이해하고 수학적으로 다룰 수 있다면, 그것은 더 나은 결정을 내리는 유용한 방법이 됩니다. 확률적 사고를 통해 우리는 리스크를 관리하고, 기회를 포착하며, 더 현명한 선택을 할 수 있습니다. 다음에 동전을 던질 때, 그 안에 숨어 있는 수학의 아름다움을 떠올려보는 것은 어떨까요? 그리고 그 불확실성 속에서 패턴을 찾아내는 확률론의 매력에 빠져보는 것은 어떨까요? 그 작은 동전이 공중에서 돌며 내려올 때, 그 안에는 라플라스의 철학, 베르누이의 통찰, 푸앵카레의 발견이 녹아 있습니다. 이 작은 실험은 우리에게 불확실함 속에서도 질서를 발견하는 방법을 가르쳐주며, 세상을 이해하는 새로운 창을 열어줄 것입니다.

2장

주사위와 확률의 춤

$E[aX+b] = a\,E[X] + b$

$Var(X) = E[X^2] - (E[X])^2$

주사위와
확률의 춤

 주사위는 인류 역사상 가장 오래된 도구 중 하나로, 운명을 결정짓는 신성한 도구로 여겨져 왔습니다. 고대 이집트의 무덤에서 발견된 주사위부터 현대 카지노의 정교한 주사위에 이르기까지, 이 작은 육면체는 인간의 호기심과 도전 정신을 끊임없이 자극해 왔습니다. 주사위를 던질 때마다 우리는 사실 눈에 보이지 않는 확률이라는 춤을 추고 있는 것입니다. 이제 주사위를 통해 확률의 세계로 한 걸음 더 깊이 들어가 보겠습니다.
 주사위의 역사는 인류 문명의 역사만큼이나 깊고 오래되었습니다. 고고학적 증거에 따르면, 주사위는 약 5000년 전 메소포타미아 지역에서 처음 사용된 것으로 추정됩니다. 초기의 주사위는 주로 양이나 사슴의 발목뼈를 이용해 만들어졌는데, 이를 '아스트라갈로스Astragalos'라고 불렀습니다. 이 뼈 주사위들은 현대의 정육면체 주사위와는 달리 불규칙한 모양을 가지고 있었습니다. 발목뼈의 자연스러운 형태 때문에 네 개의 면만 평평하게 땅에 닿을 수 있었고, 각 면이 나올 확률도 달랐습니다. 가장 넓고 평평한 면이 나올 확률이 가장 높았고, 좁고 둥근 면이 나올 확률은 낮았습니다. 이러한 예측 불가능성 때문에 주사위 던지기는 종종 신의 뜻을 묻는 신성한 행위로 여겨졌습니다.

고대 그리스와 로마에서는 아스트라갈로스를 이용한 점술이 매우 중요하게 여겨졌습니다. 신전에서 제사장들이 중요한 결정을 내리기 전에 뼈 주사위를 던져 신의 뜻을 물었고, 전쟁 전에 장군들이 승부를 점치는 데도 사용되었습니다. 예를 들어, 고대 로마에서는 중요한 결정을 내릴 때 "주사위는 던져졌다Alea iacta est"라는 말을 사용했는데, 이는 율리우스 카이사르가 루비콘 강을 건널 때 한 유명한 말로, 결정이 되돌릴 수 없음을 의미했습니다.

시간이 흐르면서 주사위의 형태는 점점 더 정교해졌습니다. 기원전 3000년경 이집트에서는 정육면체 모양의 주사위가 등장했고, 이는 현대 주사위의 원형이 되었습니다. 로마 시대에 이르러서는 주사위 게임이 대중화되었고, 이에 따라 주사위 제작 기술도 발전했습니다. 주사위의 각 면에는 점이나 숫자가 새겨졌고, 재료도 뼈에서 점차 돌, 도자기, 금속 등으로 다양화되었습니다.

흥미롭게도, 로마인들은 주사위의 공정성에 대해서도 고민했습니다. 일부 부정직한 도박꾼들이 주사위의 한쪽 면에 납을 넣어 무게 중심을 바꾸거나, 특정 면을 약간 크게 만들어 그 면이 더 자주 나오도록 조작하는 경우가 있었기 때문입니다. 이에 대응하여 로마 정부는 주사위 제작에 대한 규격을 정하고, 공인된 제작자만이 주사위를 만들 수 있도록 했습니다. 이러한 발전은 주사위 게임의 공정성을 높이는 데 기여했고, 동시에 확률에 대한 인간의 이해를 깊게 만들었습니다.

16세기에 이르러 주사위는 과학적 연구의 대상이 되었습니다. 이탈리아의 위대한 과학자 갈릴레오 갈릴레이는 주사위 게임에 깊은 관심을 가졌습니다. 당시 귀족들 사이에서 인기 있던 주사위 게임 '하자드'에서 특정 숫자의 조합이 나올 확률에 대해 의문을 품었습니다. 갈릴레오는 세 개의 주사위를 던져서 나오는 숫자의 합에 대해 연구했는데, 이는 확률론 발전에 중요한 기여를 하게 됩니다.

당시 도박꾼들은 경험적으로 9와 10의 합이 8이나 11보다 더 자주 나온다는 것을 알고 있었지만, 그 이유를 수학적으로 설명할 수 없었습니다. 갈릴레오는 이 문제를 체계적으로 분석했습니다. 그의 연구 결과, 세 개의 주사위로 가능한 모든 경우를 따져보니, 합이 10이 나오는 방법이 합이 9나 8이 나오는 방법보다 많다는 것을 발견했습니다. 예를 들어, 합이 10이 나오려면 (1,3,6), (1,4,5), (2,2,6), (2,3,5), (2,4,4),

(3,3,4) 등의 조합이 가능하고, 각 조합마다 주사위의 순서를 바꾸는 여러 방법이 있어서 총 경우의 수가 많아집니다.

따라서, 세 개의 주사위를 던졌을 때 합이 10이 나올 수 있는 경우의 수는 27가지인 반면, 합이 9가 나올 수 있는 경우의 수는 25가지, 합이 8이 나올 수 있는 경우의 수는 21가지라는 것을 밝혀냈습니다. 이러한 갈릴레오의 발견은 확률론 발전에 중요한 기여를 했습니다. 그는 단순히 "운"이라고 여겨졌던 주사위 게임의 결과에도 수학적 법칙이 있다는 것을 보여주었습니다. 이는 후에 파스칼과 페르마가 개발한 현대 확률론의 기초가 되었습니다.

복합 사건이란 두 개 이상의 단순 사건이 동시에 일어나는 경우를 말합니다. 예를 들어, 두 개의 주사위를 동시에 던져 둘 다 짝수가 나올 확률을 구하는 것이 복합 사건의 확률 계산입니다. 이를 계산하기 위해서는 먼저 한 개의 주사위에서 짝수가 나올 확률을 계산합니다. 주사위의 면은 1, 2, 3, 4, 5, 6이고, 이 중 짝수는 2, 4, 6으로 3개입니다. 따라서 한 개의 주사위에서 짝수가 나올 확률은 절반인 50%입니다. 두 개의 주사위가 독립적으로 던져진다면, 각각의 결과는 서로 영향을 주지 않습니다. 이런 경우 복합 사건의 확률은 각 개별 사건의 확률을 곱해서 구할 수 있습니다. 따라서 두 주사위 모두 짝수가 나올 확률은 50% × 50% = 25%입니다.

이러한 확률 계산은 주사위 게임에만 적용되는 것이 아닙니다. 현실 세계의 많은 상황들이 복합 사건으로 설명될 수 있습니다. 예를 들어, 한 제약회사에서 두 개의 독립적인 신약 개발 프로젝트를 진행하고 있다고 가정해봅시다. 첫 번째 신약이 임상시험을 통과할 확률이 60%이고, 두 번째 신약이 통과할 확률이 70%라면, 두 신약이 모두 성공할 확률은 60% × 70% = 42%가 됩니다.

 하지만 적어도 하나의 신약이 성공할 확률을 구하려면 다른 방법을 씁니다. 두 신약이 모두 실패할 확률을 먼저 계산한 다음, 전체에서 빼는 것입니다. 두 신약이 모두 실패할 확률은 40% × 30% = 12%이므로, 적어도 하나의 신약이 성공할 확률은 100% - 12% = 88%가 됩니다. 이처럼 확률 이론은 비즈니스 전략을 수립하거나 위험을 평가하는 데에도 중요한 역할을 합니다.

 주사위 게임에서의 확률 전략은 이러한 복합 사건의 확률 계산을 기반으로 합니다. '크랩스'라는 주사위 게임을 더 자세히 살펴보겠습니다. 이 게임에서는 두 개의 주사위를 던져 특정 숫자의 합이 나오면 승리합니다. 크랩스의 기본 규칙은 다음과 같습니다. 첫 던지기에서 7이나 11의 합이 나오면 즉시 승리하고, 2, 3, 12가 나오면 즉시 패배합니다. 그 외의 숫자 (4, 5, 6, 8, 9, 10)가 나오면 그 숫자를 '포인트'로 정하고 계속해서 주사위를 던집니다. 이후에는 7이 나오기 전에 같은 포인트가 다시 나오면 승리하고, 7이 먼저 나오면 패배하는 방식입니다.

이 게임에서 전략을 세우려면 각 결과가 나올 확률을 정확히 알아야 합니다. 예를 들어, 첫 던지기에서 7이 나올 확률은 6/36(=1/6)으로, 가장 높은 확률을 가집니다. 이는 (1,6), (2,5), (3,4), (4,3), (5,2), (6,1)의 6가지 조합이 가능하기 때문입니다. 반면 2나 12가 나올 확률은 각각 1/36으로 가장 낮습니다. 2는 (1,1)의 조합으로만, 12는 (6,6)의 조합으로만 나올 수 있기 때문입니다. 이러한 확률을 바탕으로 플레이어는 어떤 베팅이 가장 유리한지를 판단할 수 있습니다.

하지만 중요한 것은, 장기적으로 봤을 때 카지노가 항상 우위에 있다는 점입니다. 이는 '하우스 엣지House Edge'라고 불리는 카지노의 수학적 이점 때문입니다. 하우스 엣지란 플레이어가 베팅한 금액 중에서 카지노가 장기적으로 가져가는 비율을 말합니다. 만약 게임이 완전히 공정하다면 플레이어가 이길 확률과 질 확률이 정확히 50%씩이어야 합니다.

하지만 카지노 게임은 조금씩 카지노에게 유리하게 설계되어 있습니다. 크랩스 게임을 예로 들면, 플레이어가 이길 확률은 약 49.3%이고 질 확률은 약 50.7%입니다. 겨우 1.4% 차이에 불과해 보이지만, 이 작은 차이가 카지노의 수익을 보장합니다.

구체적인 예를 들어보겠습니다. 어떤 사람이 크랩스에서 1만원씩 100번 베팅한다고 가정해봅시다. 총 베팅 금액은 100만원입니다. 하우스 엣지가 1.4%라면, 이론적으로 이 사람은 평균적으로 1만 4천원을 잃게 됩니다. 물론 단기적으로는 크게 이기거나 질 수 있지만, 게임을 계속할수록 결과는 이 평균에 가까워집니다. 이것이 바로 카지노가 '확률의 법칙'으로 수익을 내는 방식입니다. 개별 고객은 운이 좋으면 돈을 딸 수 있지만, 수많은 고객들이 장시간 게임을 하면 카지노는 반드시 수익을 냅니다. 마치 동전을 몇 번 던져서는 앞면이 연속으로 나올 수 있지만, 수만 번 던지면 결국 50% 근처로 수렴하는 것과 같은 원리입니다.

주사위의 무작위성은 현대 암호학에서도 중요하게 활용됩니다. 예를 들어, 많은 암호화 알고리즘에서는 큰 소수를 무작위로 생성해야 하는데, 이때 주사위 던지기의 원리가 응용됩니다. 실제로 일부 암호학자들은 물리적인 주사위를 수천 번 던져 얻은 결과를 바탕으로 암호키를 생성하기도 합니다. 이는 컴퓨터의 의사난수 생성기보다 더 안전하다고 여겨지기 때문입니다.

예를 들어, '다이스웨어Diceware' 방식은 5개의 주사위를 동시에 던져 얻은 5자리 숫자를 이용하여 강력한 암호문구를 만드는 기법입니다. 만약 주사위를 던져 2, 4, 3, 1, 6이 나왔다면 "24316"이라는 숫자 조합을 얻습니다. 이 숫자를 미리 준비된 단어 목록에서 해당하는 단어를 찾습니다. 다이스웨어 단어 목록에서 "24316"에 해당하는 단어가 "horse"라고 가정하면, 이것이 암호문구의 첫 번째 단어가 됩니다. 이 과정을 여러 번 반복하여 "horse wagon blue mountain river"와 같은 암호문구를 만들 수 있습니다. 이렇게 만든 암호문구는 컴퓨터가 추측하기 매우 어려우면서도 사람이 기억하기는 상대적으로 쉽습니다. 이런 방식으로 만든 암호문구는 현재의 컴퓨터 기술로는 매우 오랜 시간이 걸려야 해독할 수 있습니다. 실제로 미국 정부기관에서도 기밀 문서 보호를 위해 이와 유사한 방법을 권장하고 있습니다.

주사위와 확률의 관계는 '몬테카를로 방법Monte Carlo method' 이라는 강력한 수치해석 기법의 기초가 되었습니다. 이 방법의 이름은 모나코의 몬테카를로 카지노에서 따온 것으로, 복잡한 수학적 문제를 풀기 위해 무작위 샘플링을 사용하는 기법입니다. 예를 들어, 원주율 π의 값을 계산하기 위해 정사각형 안에 그려진 원에 무작위로 점을 찍어 그 비율을 계산하는 방법이 있습니다. 이는 마치 주사위를 던져 특정 영역에 들어갈 확률을 계산하는 것과 유사합니다.

구체적으로 설명하자면, 한 변의 길이가 2인 정사각형 안에 지름이 2인 원을 그립니다. 이 정사각형의 중앙에 지름이 2인 원을 그려 넣습니다. 정사각형의 면적은 $2 \times 2 = 4$이고, 원의 면적은 $\pi \times 1^2 = \pi$입니다. 이제 이 정사각형 안에 무작위로 많은 수의 점을 찍습니다. 점이 원 안에 들어갈 확률은 $\pi/4$가 됩니다. 따라서 충분히 많은 수의 점을 찍은 후, 원 안에 들어간 점의 개수를 전체 점의 개수로 나누고 4를 곱하면 π의 근사값을 얻을 수 있습니다. 예를 들어, 1백만 개의 점을 찍어서 그 중 785,398개가 원 안에 들어갔다면, π의 근사값은 약 3.141592가 됩니다. 이 방법은 점을 더 많이 찍을수록 더 정확한 값을 얻을 수 있습니다.

몬테카를로 방법은 2차 세계대전 중 맨해튼 프로젝트에서 중성자의 확산을 모델링하는 데 사용되었습니다. 스타니스와프 울람Stanisław Ulam과 존 폰 노이만John von Neumann이 개발한 이 방법은 원자폭탄 설계에서 핵분열 연쇄반응을 예측하는 데 결정적인 역할을 했습니다. 이후 이 방법은 기상 예측, 금융 리스크 분석, 인공지능 알고리즘 등 다양한 분야에서 활용되고 있습니다. 예를 들어, 복잡한 금융 상품의 가치를 평가할 때 미래의 가능한 시나리오를 수천 번 시뮬레이션하여 그 평균값을 계산하는 데 이 방법이 사용됩니다.

주사위의 세계는 우리에게 확률의 본질에 대해 깊이 생각할 기회를 제공합니다. 주사위를 던질 때마다 우리는 불확실성의 세계와 마주하게 됩니다. 그러나 동시에 이 불확실성 속에서도 일정한 패턴과 규칙성을 발견할 수 있습니다. 이는 우리 삶의 많은 부분이 확률적으로 결정된다는 것을 상기시킵니다. 예를 들어, 우리가 매일 마주치는 교통 상황, 날씨 변화,

주식 시장의 등락 등은 모두 복잡한 확률 과정의 결과라고 볼 수 있습니다. 더 나아가 제조업의 품질관리, 환경과학의 기후 변화 예측, 우주탐사의 성공률 계산 등 다양한 분야에서 활용되고 있습니다.

의료 분야에서도 확률론의 응용이 더욱 중요해질 것입니다. 예를 들어, 개인의 유전정보와 생활습관 데이터를 바탕으로 특정 질병의 발병 확률을 예측하고, 이에 따른 맞춤형 예방 전략을 수립하는 데 확률 모델이 활용될 수 있습니다. 또한, 새로운 치료법의 효과를 평가하거나 약물의 부작용 가능성을 예측하는 데에도 확률론적 접근이 필수적입니다.

앞으로 인공지능과 빅데이터 기술이 발전함에 따라, 확률에 대한 우리의 이해와 활용 능력은 더욱 중요해질 것입니다. 자율주행차가 복잡한 도로 상황에서 의사결정을 내리거나, 의료 AI가 환자의 진단을 돕는 등의 상황에서 확률적 사고는 핵심적인 역할을 할 것입니다. 예를 들어, 자율주행차는 주변 환경을 인식하고 다른 차량의 움직임을 예측하여 가장 안전한 경로를 선택해야 합니다. 이 과정에서 각 상황의 발생 확률과 그에 따른 위험도를 실시간으로 계산하는 확률 모델이 사용됩니다.

주사위는 놀이 도구를 넘어 확률의 세계를 탐험하는 열쇠가 되었습니다. 갈릴레오의 호기심에서 시작하여 현대 암호학과 금융공학에 이르기까지, 주사위의 무작위성은 인간의 지식

확장에 중요한 역할을 해왔습니다. 앞으로도 우리는 주사위가 보여주는 확률의 춤을 통해 세상을 이해하고 미래를 예측하는 데 한 걸음 더 나아갈 수 있을 것입니다.

 불확실성 속에서 패턴을 찾아내는 능력은 과학의 발전뿐만 아니라 일상생활에서의 현명한 의사결정에도 필수적입니다. 우리가 일기 예보를 보고 우산을 챙길지 결정하는 것, 투자 포트폴리오를 구성하는 것, 새로운 사업을 시작할지 결정하는 것 모두 확률적 사고를 바탕으로 합니다. 이러한 확률적 사고는 미래 사회에서 더욱 중요해질 것입니다. 기후 변화에 대응하기 위한 정책 결정, 팬데믹 상황에서의 방역 전략 수립, 우주 탐사 계획 등 인류가 직면한 거대한 도전들은 모두 복잡한 확률 모델을 바탕으로 이루어져야 합니다.

 주사위의 역사에서 시작된 확률론의 발전은 앞으로도 계속될 것입니다. 우리가 주사위를 던질 때마다, 우리는 게임을 하는 것이 아니라 우주의 근본적인 불확실성과 마주하고 있는 것입니다. 이러한 불확실성을 이해하고 활용하는 능력이 바로 확률론의 핵심이며, 이는 우리가 복잡한 현대 사회를 살아가는 데 필요한 가장 중요한 사고 도구 중 하나입니다. 주사위와 함께 춤을 추며, 우리는 확률의 세계를 더욱 깊이 이해하고 활용할 수 있게 될 것입니다.

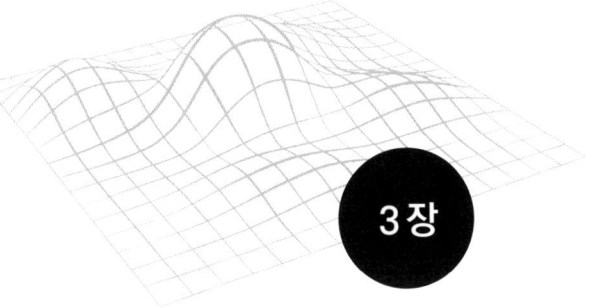

$E[aX+b] = a \cdot E[X] + b$

3장

카드의 마법: 순열과 조합

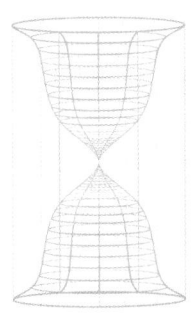

$Var(X) = E[X^2] - (E[X])^2$

카드의 마법: 순열과 조합

 카드 게임은 우리 일상에서 흔히 볼 수 있는 재미있는 활동입니다. 친구들과 모여 포커를 즐기거나 혼자서 솔리테어를 하는 등 다양한 방식으로 즐길 수 있죠. 하지만 여러분은 이런 단순해 보이는 카드 놀이 속에 깊은 수학적 원리가 숨어 있다는 사실을 아시나요? 바로 '순열'과 '조합'이라는 강력한 수학적 도구가 그 안에 숨어 있답니다. 이번 장에서는 카드를 통해 순열과 조합의 흥미진진한 세계로 여러분을 안내하고자 합니다.

 순열과 조합이란 무엇일까요? 이는 우리가 일상에서 마주치는 많은 선택의 문제를 해결하는 데 도움을 주는 수학적 개념입니다. 먼저 쉬운 예부터 시작해보겠습니다. 예를 들어, 여러분이 친구 네 명과 함께 영화관에 갔다고 상상해 봅시다. 4명이 한 줄로 앉을 때, 몇 가지의 다른 방법으로 앉을 수 있을까요? 첫 번째 자리에는 4명 중 아무나 앉을 수 있습니다. 두 번째 자리에는 남은 3명 중 한 명이 앉고, 세 번째 자리에는 남은 2명 중 한 명이 앉으며, 마지막 자리에는 남은 1명이 앉습니다. 따라서 총 $4 \times 3 \times 2 \times 1 = 24$가지 방법이 있습니다. 이것이 바로 순열의 기본 원리입니다.

순열은 서로 다른 n개의 원소에서 r개를 선택하여 일렬로 나열하는 방법의 수를 계산합니다. 순열은 순서가 중요한 경우에 사용됩니다. 예를 들어, A, B, C, D 순서로 앉는 것과 D, C, B, A 순서로 앉는 것은 다른 경우로 봅니다. 수학에서는 이를 4!(4팩토리얼)이라고 표현합니다.

반면, 조합은 순서를 고려하지 않고 선택하는 방법의 수를 계산합니다. 예를 들어, 친구 4명 중에서 2명을 선택해서 영화를 보러 간다고 해봅시다. 이때는 A와 B를 선택하는 것과 B와 A를 선택하는 것이 같은 결과입니다. 순서가 중요하지 않기 때문이죠. 4명 중 2명을 선택하는 방법은 다음과 같습니다: (A,B), (A,C), (A,D), (B,C), (B,D), (C,D)로 총 6가지입니다. 이를 계산하는 공식은 $4!/(2! \times 2!) = 6$입니다.

포커게임을 예로 들어, 52장의 카드 덱에서 5장을 뽑는 방법의 수를 구하는 것도 조합의 문제입니다. 이는 포커 게임에서 각 플레이어가 받게 되는 패의 종류를 계산할 때 중요한 역할을 합니다. 52장 중 5장을 뽑는 조합의 수는 2,598,960가지나 됩니다. 이 숫자는 52C5라고 표기하며, $52!/(5!(52-5)!)$로 계산됩니다. 여기서 중요한 점은 카드를 뽑는 순서는 중요하지 않다는 것입니다. 예를 들어, 에이스, 킹, 퀸, 잭, 10을 순서대로 뽑든, 10, 잭, 퀸, 킹, 에이스 순으로 뽑든 같은 패로 간주됩니다. 순서가 바뀌어도 결국 같은 카드 5장을 가지고 있기 때문이죠.

순열과 조합의 개념은 17세기 프랑스의 천재 수학자 블레즈 파스칼Blaise Pascal에 의해 체계화되었습니다. 파스칼은 도박을 좋아하는 친구 드 메레Chevalier de Méré로부터 흥미로운 질문을 받았습니다. "주사위를 4번 던져서 적어도 한 번은 6이 나올 확률이 얼마나 될까?" 이런 질문들을 해결하기 위해 파스칼은 동료 수학자 피에르 드 페르마Pierre de Fermat와 함께 확률론의 기초를 만들었습니다.

파스칼은 자신의 이름을 딴 '파스칼의 삼각형'을 통해 조합의 개념을 시각화했습니다. 이 삼각형은 각 숫자가 바로 위의 두 숫자의 합으로 이루어진 삼각형 모양의 숫자 배열입니다.

$$
\begin{array}{c}
1 \\
1\ 1 \\
1\ 2\ 1 \\
1\ 3\ 3\ 1 \\
1\ 4\ 6\ 4\ 1
\end{array}
$$

삼각형의 각 줄은 조합의 계수를 나타냅니다. 예를 들어, 네 번째 줄(1 3 3 1)은 3개 중 0개, 1개, 2개, 3개를 선택하는 조합의 수를 보여줍니다. 이 삼각형은 조합의 계산을 쉽게 해주며, 확률론과 대수학 등 다양한 수학 분야에서 활용됩니다.

이제 카드 게임으로 돌아가서 실제 예시를 살펴보겠습니다. 일반적인 트럼프 카드는 52장으로 구성되어 있습니다. 스페이드, 하트, 다이아몬드, 클럽 4가지 무늬에 각각 A부터 K까지 13장씩 있죠. 포커에서는 52장의 카드 중 5장을 받게 되는데, 이때 특정한 패가 나올 확률을 계산할 수 있습니다. 예를 들어, 로열 플러시(같은 무늬의 10, J, Q, K, A)가 나올 확률은 어떻게 될까요? 앞서 언급했듯이 52장 중 5장을 뽑는 전체 경우의 수는 약 260만 가지이므로, 로열 플러시가 나올 확률은 약 65만분의 1입니다. 이는 복권에 당첨될 확률만큼 희박한 것이죠!

블랙잭은 또 다른 인기 있는 카드 게임으로, 여기서는 '카드 카운팅'이라는 흥미로운 전략이 사용됩니다. 카드 카운팅은 이미 나온 카드들을 기억하고 남은 카드들의 분포를 추정하여 유리한 상황을 만들어내는 방법입니다. 이 전략의 핵심은 높은 카드(10, J, Q, K, A)와 낮은 카드(2~6)의 비율을 추적하는 것입니다. 예를 들어, 낮은 카드가 많이 나왔다면 남은 카드 중에는 높은 카드의 비율이 높아질 것입니다. 이는 플레이어에게 유리한 상황입니다. 왜냐하면 높은 카드가 많이 남아있으면 블랙잭(21)을 만들 확률이 높아지고, 딜러가 버스트(21을 초과)할 확률도 높아지기 때문입니다.

가장 간단한 카드 카운팅 방법은 '하이-로우 Hi-Lo' 시스템입니다. 낮은 카드(2, 3, 4, 5, 6)가 나오면 +1점, 높은 카드(10, J, Q, K, A)가 나오면 -1점, 중간 카드(7, 8, 9)가 나오면 0점을 줍니다. 게임이 진행되면서 이 점수를 계속 더해가는데, 점수가 높을수록 플레이어에게 유리한 상황입니다. 예를 들어, 게임 시작 후 나온 카드가 3, 5, 10, K, 7, 2라고 해봅시다. 점수를 계산하면 +1(3) +1(5) -1(10) -1(K) +0(7) +1(2) = +1이 됩니다. 이는 상대적으로 플레이어에게 약간 유리한 상황을 의미합니다. 물론 카드 카운팅은 매우 어려운 기술입니다. 수많은 카드를 정확히 기억해야 하고, 동시에 자연스럽게 게임을 진행해야 하기 때문입니다. 또한 대부분의 카지노에서는 이를 불법으로 간주하고 있으니 주의해야 합니다!

카지노와 도박의 수학적 원리를 연구한 에드워드 소프 Edward Thorp의 이야기는 매우 흥미롭습니다. 소프는 MIT 출신의 수학자로, 1960년대에 컴퓨터를 이용해 블랙잭의 최적 전략을 계산했습니다. 그는 자신의 연구 결과를 『딜러를 이겨라』 Beat the Dealer라는 책으로 출간했는데, 이 책은 카드 카운팅을 대중에게 알린 최초의 책이었습니다.

소프는 실제로 라스베가스의 카지노에서 자신의 전략을 시험해보았고, 놀라운 성공을 거두었습니다. 그의 방법이 널리 알려지자 카지노들은 대응 방안을 마련해야 했습니다. 여러 덱을 섞어서 사용하거나, 카드를 끝까지 다 사용하지 않고 중간에 셔플하는 등의 방법을 도입했죠. 소프의 연구는 확률론과 게임 이론의 실제 응용 가능성을 보여주는 좋은 사례입니다. 그는 이후 월스트리트로 진출하여 수학적 모델을 이용한 투자로도 큰 성공을 거두었습니다. 그의 이야기는 영화 '21'의 모티브가 되기도 했습니다.

순열과 조합은 카드 게임뿐만 아니라 일상 생활의 다양한 분야에서도 적용됩니다. 가장 친숙한 예는 암호 설정입니다. 4자리 숫자 암호의 경우, 0부터 9까지의 숫자를 사용하여 4자리를 만드는 방법의 수를 계산해봅시다. 4자리 숫자 암호의 경우, 0부터 9까지의 숫자를 사용하여 4자리를 만드는 방법의 수는 10의 4제곱, 즉 10,000가지입니다. 하지만 '1234'나 '0000' 같은 뻔한 암호를 사용하면 쉽게 뚫릴 수 있죠. 더 안전하게 만들려면 숫자와 문자를 함께 사용하면 됩니다. 영문 대소문자와 숫자를 모두 사용한 4자리 암호라면 $62 \times 62 \times 62 \times 62$ = 약 1,480만 가지로 급격히 늘어납니다.

컴퓨터 과학에서도 순열과 조합은 중요한 역할을 합니다. 알고리즘의 복잡도를 분석할 때, 가능한 모든 입력 조합을 고려해야 하는 경우가 많습니다. 예를 들어, 정렬 알고리즘의 경우 n개의 원소를 정렬하는 방법의 수는 n!가지입니다. 또한 네트워크 이론에서 가능한 연결의 수를 계산할 때도 조합이 사용됩니다. n개의 노드가 있는 네트워크에서 가능한 모든 연결의 수는 nC2, 즉 n(n-1)/2입니다. 또한 유전자 서열 분석에서 DNA 염기 서열의 가능한 조합을 연구하는 데에도 이 개념이 사용됩니다. DNA는 A, T, G, C 네 가지 염기로 이루어져 있는데, 이들의 순서에 따라 유전 정보가 결정됩니다. 10개의 염기로 이루어진 DNA 조각의 가능한 서열 수는 4의 10제곱, 즉 1,048,576가지나 됩니다.

최근에는 우리가 매일 사용하는 온라인 서비스에서도 순열과 조합이 활발히 사용되고 있습니다. 예를 들어, 추천 시스템에서는 사용자의 선호도에 따라 가능한 모든 조합의 상품을 분석하고 가장 적합한 것을 추천합니다. 넷플릭스나 유튜브의 추천 알고리즘이 이러한 원리를 사용하죠. 넷플릭스는 사용자의 시청 기록, 평점, 검색 기록 등을 분석하여 개인에게 맞는 콘텐츠를 추천합니다. 예를 들어, 어떤 사용자가 액션 영화 10편을 봤다고 해봅시다. 넷플릭스는 이 사용자와 비슷한 취향을 가진 다른 사용자들을 찾기 위해 수많은 사용자 조합을 분석합니다. 만약 넷플릭스에 1억 명의 사용자가 있다면, 이 중에서 비슷한 패턴을 가진 사용자들을 찾아내는 것은 엄청난 계산이 필요합니다. 유튜브도 마찬가지입니다. 여러분이 고양이 동영상을 많이 본다면, 유튜브는 고양이 관련 동영상을 더 추천해줍니다. 이때 여러분의 시청 패턴과 비슷한 다른 사용자들이 좋아하는 동영상들의 조합을 분석하여 가장 적합한 것을 골라내는 것이죠.

순열과 조합의 개념은 우리의 의사결정 과정에도 큰 영향을 미칩니다. 예를 들어, 다양한 옵션 중에서 최선의 선택을 해야 할 때, 우리는 무의식적으로 가능한 모든 조합을 고려하게 됩니다. 이는 직업 선택, 투자 결정, 심지어 연애에서의 파트너 선택에 이르기까지 삶의 다양한 영역에 적용됩니다. 예를 들어, 5개의 직업 옵션과 3개의 도시 옵션이 있다면, 총 15가지(5x3)의 조합을 고려해야 할 것입니다.

미래에는 순열과 조합의 개념이 더욱 중요해질 것으로 예상됩니다. 인공지능이 발전하면서 기계가 인간처럼 창의적으로 사고하려면, 기존 정보들의 새로운 조합을 찾아내는 능력이 필요합니다. 예를 들어, 자율주행 차량이 최적의 경로를 선택할 때, 수많은 가능한 경로 조합 중에서 최선의 선택을 해야 합니다. 또한 로봇 공학에서 다관절 로봇의 움직임을 계획할 때도, 각 관절의 가능한 모든 조합을 고려해야 합니다. 양자 컴퓨팅이 발전하면서 현재의 암호 체계를 뛰어넘는 새로운 암호화 방식이 필요해질 것입니다. 이때 순열과 조합을 이용한 복잡한 암호화 알고리즘이 중요한 역할을 할 것입니다. 또한 유전자 편집 기술이 발전함에 따라, DNA 서열의 가능한 모든 조합을 분석하고 최적의 결과를 예측하는 데에도 이러한 수학적 도구가 필수적일 것입니다. 예를 들어, CRISPR 유전자 가위 기술을 사용할 때, 원하는 유전자 변형을 위한 최적의 가이드 RNA 서열을 찾는 데 순열과 조합의 개념이 활용될 수 있습니다.

 결론적으로, 카드 게임에서 시작된 순열과 조합의 개념은 우리 삶의 모든 영역에 깊숙이 스며들어 있습니다. 앞으로 우리가 마주할 미래의 도전들을 해결하는 데 있어서도, 순열과 조합은 계속해서 중요한 역할을 할 것입니다. 카드 한 벌로 시작된 이 마법 같은 수학의 세계가 우리의 미래를 어떻게 변화시킬지, 그 가능성은 무한합니다. 여러분도 이제 일상 생활 속에서 순열과 조합의 마법을 발견하고 활용해 보시는 건 어떨까요? 복잡해 보이는 문제도 이런 관점에서 바라보면 새로운 해결책을 찾을 수 있을 것입니다.

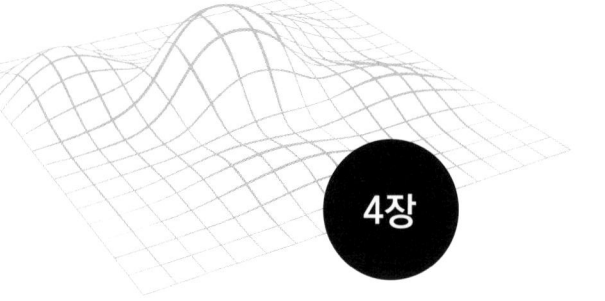

4장

로또의 확률적 진실

$E[aX+b] = a \cdot E[X] + b$

$Var(X) = E[X^2] - (E[X])^2$

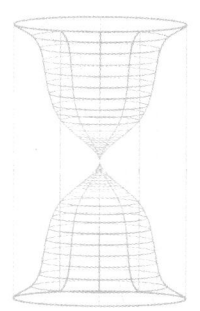

로또의 확률적 진실

우리의 일상에서 꿈과 희망을 상징하는 로또는 화려한 외양 뒤에 숨겨진 냉철한 수학적 진실을 품고 있습니다. 이번 장에서는 로또의 세계에 숨겨진 확률의 비밀을 자세히 살펴보겠습니다.

먼저 로또 당첨 확률을 계산하는 방법부터 알아보겠습니다. 우리나라의 로또 6/45를 예로 들어 설명하겠습니다. 이 게임은 1부터 45까지의 숫자 중 6개를 뽑는 방식입니다. 앞 장에서 배운 조합의 개념을 적용하면, 45개 중 6개를 뽑는 조합의 수는 $45C6$으로 계산할 수 있습니다. 첫 번째 번호는 45개 중에서 선택할 수 있고, 두 번째 번호는 44개 중에서, 세 번째는 43개 중에서, 이런 식으로 계속하면 $45 \times 44 \times 43 \times 42 \times 41 \times 40$이 됩니다. 하지만 로또에서는 번호의 순서가 중요하지 않으므로, 이 값을 $6!(6 \times 5 \times 4 \times 3 \times 2 \times 1 = 720)$으로 나누어야 합니다.

이 값을 계산하면 정확히 8,145,060가지가 나옵니다. 즉, 로또 1등에 당첨될 확률은 1/8,145,060, 약 0.0000123%라는 극히 낮은 수치입니다. 이 확률을 좀 더 직관적으로 이해해보겠습니다. 만약 여러분이 매주 한 장의 로또를 산다고 가정해 봅시다. 1등에 당첨되려면 평균적으로 156,636년이 걸립니다. 인류의 역사가 약 20만 년 정도라는 점을 감안하면, 이는 정말 긴 시간입니다.

다른 방식으로 비교해보면 더욱 실감이 납니다. 번개에 맞을 확률이 약 100만 분의 1, 비행기 사고를 당할 확률이 약 1,100만 분의 1입니다. 로또 1등 당첨 확률인 814만 분의 1은 이 두 확률의 중간 정도에 해당합니다. 만약에 한국의 모든 사람이 동시에 로또를 한 장씩 산다고 해도, 그 중 단 몇 명만 당첨될 뿐입니다. 개인에게는 말할 것도 없고, 전국민이 동참해도 '당첨'은 여전히 희박한 사건이라는 점은 변하지 않습니다.

그럼에도 불구하고 우리는 여전히 로또에 희망을 걸고 있습니다. 왜 그럴까요? 이는 복권의 역사와 사회적 영향을 살펴보면 그 이유를 알 수 있습니다. 복권의 역사는 기원전 100년경 중국 한나라 시대까지 거슬러 올라갑니다. 당시 만리장성 건설 자금을 마련하기 위해 '백편'이라는 복권을 발행했다고 합니다. 이는 복권이 단순한 게임이 아니라 국가의 중요한 사업을 위한 재원 마련 수단으로 사용되었다는 점을 보여줍니다.

 이후 복권은 전 세계적으로 퍼져나갔고, 국가의 재정 확보나 공공사업 자금 마련을 위한 수단으로 널리 활용되었습니다. 예를 들어, 18세기 영국에서는 대영박물관 건립 자금을 마련하기 위해 복권을 발행했고, 미국에서는 독립 전쟁 자금을 마련하기 위해 복권을 활용했습니다. 심지어 하버드, 예일, 프린스턴 같은 명문 대학들도 건립 자금을 복권으로 마련했습니다. 이처럼 복권은 역사적으로 중요한 사회적 역할을 해왔습니다.

 우리나라에서는 1969년 12월 7일에 최초의 복권인 '행운권'이 발행되었습니다. 당시 1등 상금은 10만원이었는데, 이는 현재 가치로 환산하면 약 1억원에 해당하는 큰 금액이었습니다. 1970년대에는 '새마을 복권', 1980년대에는 '청소년 복권' 등이 발행되었으며, 현재의 로또 6/45는 2002년 12월에 시작되었습니다. 로또 6/45가 처음 시작될 때만 해도 많은 사람들이 반신반의했습니다. 기존의 복권과 달리 번호를 직접 선택할 수 있다는 점이 새로웠기 때문입니다. 첫 회차 추첨이 열린 2002년 12월 7일, 당첨 번호는 10, 23, 29, 33, 37, 40이었고, 1등 당첨자는 총 8명이었습니다. 각자 약 9억원씩 받았는데, 이는 당시로서는 상상할 수 없는 큰 금액이었습니다.

 현대 사회에서 복권은 '희망의 상징'으로 자리 잡았습니다. 특히 경제적으로 어려운 시기에 복권 판매량이 증가하는 현상은 복권이 가진 사회적 의미를 잘 보여줍니다. 2008년 글로벌 금융위기 당시 우리나라 로또 판매량은 전년 대비 25% 증가했습니다. 2020년 코로나19 팬데믹 초기에도 비슷한 현상이 나타났습니다. 사람들이 경제적 불안감을 느낄수록 로또에 대한 관심이 높아지는 것입니다. 작은 금액으로 큰 돈을 얻을 수 있다는 가능성, 그리고 그 돈으로 현재의 어려움을 단번에 해결할 수 있다는 환상이 복권의 매력이 됩니다. 이는 복권이 확률 게임이 아니라 사회의 희망과 꿈을 반영하는 문화적 현상임을 보여줍니다. 사회학자들은 이를 '가난한 사람들의 세금'이라고 부르기도 합니다. 실제로 통계를 보면 소득이 낮을수록 복권 구매 비율이 높아지는 경향이 있습니다.

하지만 이러한 희망의 이면에는 냉철한 수학적 현실이 존재합니다. 이를 이해하기 위해서는 '기댓값'이라는 개념을 알아야 합니다. 기댓값은 확률론에서 매우 중요한 개념으로, 특정 사건의 평균적인 결과를 나타냅니다. 기댓값을 쉽게 이해하기 위해 일상적인 예시부터 시작해보겠습니다.

여러분이 친구와 동전 던지기 게임을 한다고 가정해봅시다. 앞면이 나오면 친구가 여러분에게 100원을 주고, 뒷면이 나오면 여러분이 친구에게 100원을 주는 게임입니다. 이 게임에서 여러분의 기댓값은 어떻게 될까요? 앞면이 나올 확률은 50%, 뒷면이 나올 확률도 50%입니다. 따라서 기댓값은 (100원 × 50%) + (-100원 × 50%) = 50원 - 50원 = 0원입니다. 즉, 장기적으로 보면 이기지도 지지도 않는 공평한 게임입니다.

이번에는 조건을 바꿔봅시다. 앞면이 나오면 친구가 150원을 주고, 뒷면이 나오면 여러분이 100원을 주는 게임이라면 어떨까요? 기댓값은 (150원 × 50%) + (-100원 × 50%) = 75원 - 50원 = 25원이 됩니다. 이는 평균적으로 한 번 게임을 할 때마다 25원씩 이익을 본다는 의미입니다. 이런 게임이라면 계속할수록 유리하겠죠.

주사위 예시도 좀 더 구체적으로 살펴보겠습니다. 주사위를 던져서 나온 숫자만큼 돈을 받는 게임이 있다고 해봅시다. 1이 나오면 1,000원, 2가 나오면 2,000원, 이런 식으로 6이 나오면 6,000원을 받는 것입니다. 1부터 6까지 각각의 확률이 1/6이므로, 기댓값은 (1,000원×1/6) + (2,000원×1/6) + (3,000원×1/6) + (4,000원×1/6) + (5,000원×1/6) + (6,000원×1/6) = 21,000원/6 = 3,500원입니다. 이는 평균적으로 한 번 주사위를 던질 때마다 3,500원을 받을 수 있다는 의미입니다. 만약 이 게임에 참여하는 비용이 3,000원이라면 유리한 게임이고, 4,000원이라면 불리한 게임이 되는 것이죠.

여기서 중요한 점은 기댓값이 '평균적인' 결과라는 것입니다. 주사위 게임에서 실제로 3,500원을 받을 수는 없습니다. 실제로는 1,000원부터 6,000원까지 중 하나를 받게 되죠. 하지만 이 게임을 수백 번, 수천 번 반복한다면 받는 금액의 평균이 3,500원에 가까워집니다.

기댓값의 개념을 이해하면 도박이나 투기성 게임의 본질을 파악할 수 있습니다. 만약 어떤 게임의 기댓값이 플러스라면, 그 게임은 계속할수록 이익이 나는 게임입니다. 반대로 기댓값이 마이너스라면, 계속할수록 손해가 나는 게임입니다. 그리고 대부분의 도박은 기댓값이 마이너스로 설계되어 있습니다.

로또의 경우, 기댓값은 (각 등수의 당첨 확률 × 해당 등수의 상금)의 합으로 계산됩니다. 우리나라 로또 6/45의 경우를 구체적으로 살펴보겠습니다.

1등 당첨금이 평균 20억 원이라고 가정해봅시다. 1등(6개 맞춤)의 확률은 앞서 계산한 대로 1/8,145,060이며 따라서 1등의 기댓값은 20억원 × (1/8,145,060) = 약 245원입니다. 2등(5개+보너스)은 확률이 1/1,357,510이고 평균 상금은 약 6천만원이므로, 기댓값은 약 44원입니다. 3등(5개 맞춤)은 확률이 1/35,724, 평균 상금 약 150만원으로 기댓값은 약 42원입니다. 4등(4개 맞춤)은 확률이 1/733, 평균 상금 5만원으로 기댓값은 약 68원이고, 5등(3개 맞춤)은 확률이 1/45, 평균 상금 5천원으로 기댓값은 약 111원입니다.

모든 등수의 기댓값을 합하면 약 510원입니다. 그런데 로또 한 장의 가격이 1,000원이므로, 수학적으로 볼 때 로또를 사는 것은 평균적으로 490원의 손해라는 결론이 나옵니다.

그렇다면 왜 사람들은 여전히 로또를 구매할까요? 이는 인간의 심리와 관련이 있습니다. 대부분의 사람들은 자신이 운이 좋다고 믿는 경향이 있으며, 작은 확률이라도 큰 상금을 얻을 수 있다는 가능성에 매료됩니다. 이를 '확률 가중치 이론'이라고 합니다. 이 이론은 노벨 경제학상 수상자인 대니얼 카너먼Daniel Kahneman과 아모스 트버스키Amos Tversky가 제안한 것으로, 사람들이 매우 낮은 확률(예: 로또 당첨)을 실제보다 과대평가하는 경향이 있다는 것을 설명합니다.

로또 번호 선택에도 흥미로운 심리학적 측면이 있습니다. 많은 사람들이 자신만의 '행운의 숫자'를 믿고 그 숫자들로 로또를 구매합니다. 생일, 기념일, 또는 꿈에서 본 숫자 등이 대표적입니다. 하지만 확률적으로 볼 때, 모든 번호 조합의 당첨 확률은 동일합니다. 1,2,3,4,5,6이 당첨될 확률과 8,15,22,30,37,42가 당첨될 확률은 정확히 같습니다. 연속된 숫자가 당첨될 가능성이 낮다고 생각하지만, 수학적으로는 전혀 그렇지 않습니다.

그럼에도 불구하고 많은 사람들이 연속된 숫자나 특정 패턴을 피하는 경향이 있습니다. 이는 '대표성 휴리스틱Representativeness Heuristic'이라는 인지 편향 때문입니다. 사람들은 무작위로 선택된 숫자들이 '무작위하게 보이는' 패턴을 가져야 한다고 생각하는 경향이 있습니다. 하지만 진정한 무작위성은 때로는 우리의 직관과 다르게 보일 수 있습니다.

예를 들어, 동전을 10번 던져서 앞면이 연속으로 5번 나오는 것은 충분히 가능한 일이지만, 많은 사람들은 이를 '비정상적'이라고 생각합니다. 마찬가지로 로또에서도 7,14,21,28,35,42 같은 규칙적인 패턴이 나올 수 있지만, 사람들은 이를 '불가능하다'고 생각하는 경향이 있습니다. 이런 인식 때문에 재미있는 현상이 벌어지기도 합니다. 해외의 한 로또에서 7의 배수로 이루어진 조합이 당첨되었을 때, 많은 사람들이 이를 조작이라고 의심했습니다. 하지만 확률적으로 볼 때 이는 완전히 정상적인 결과였습니다. 사람들의 직관이 확률의 본질을 제대로 이해하지 못하기 때문에 일어난 일이었습니다.

로또 당첨자들의 사례를 분석해보면 더욱 흥미로운 사실들이 발견됩니다. 예를 들어, 2011년 영국에서는 한 부부가 15년 동안 같은 번호로 로또를 구매하다가 마침내 260만 파운드(약 40억 원)의 상금을 받았습니다. 이는 끈기와 일관성이 운을 부를 수 있다는 믿음을 강화시키는 사례입니다. 하지만 확률적으로 볼 때, 같은 번호를 계속 사용하는 것과 매번 다른 번호를 사용하는 것 사이에는 당첨 확률의 차이가 없습니다.

우리나라에서도 특이한 당첨 사례들이 있습니다. 2023년에는 한 편의점에서 연속으로 1등 당첨자가 2명이나 나와 화제가 되었습니다. 이를 두고 '명당'이라는 표현까지 사용되었지만, 통계학적으로 보면 충분히 가능한 우연의 일치입니다.

전국에 로또 판매점이 약 7,000곳이 있고, 매주 추첨이 이루어지므로, 간혹 한 곳에서 연속으로 당첨자가 나오는 것은 통계적으로 설명 가능한 범위에 있습니다.

확률론에서 중요한 개념 중 하나인 '조건부 확률Conditional Probability'도 로또에 적용해볼 수 있습니다. 예를 들어, 첫 번째 공이 10번이라는 것을 알았을 때, 두 번째 공이 특정 숫자일 확률은 어떻게 될까요? 첫 번째 공이 뽑힌 후에는 남은 공이 44개가 되므로, 특정 숫자가 뽑힐 확률은 1/44가 됩니다. 이는 첫 번째 공의 결과가 주어진 조건 하에서의 확률입니다.

로또 당첨 확률을 높이려는 다양한 '전략'들이 있지만, 확률론적으로 분석해보면 모두 무의미합니다. '번호 분석'이라는 이름으로 과거 당첨 번호의 패턴을 찾아내려는 시도들이 있지만, 이는 '패턴 인식의 오류Pattern Recognition Error'에 불과합니다. 인간의 뇌는 무작위한 데이터에서도 패턴을 찾아내려는 성향이 있는데, 이는 진화적으로 생존에 유리했기 때문입니다. 하지만 진정한 무작위 과정에서는 이런 패턴이 의미가 없습니다.

'퀵픽(자동 선택)'과 '수동 선택' 중 어느 것이 더 유리한가라는 질문도 자주 나옵니다. 확률론적으로 보면 둘 사이에는 전혀 차이가 없습니다. 퀵픽은 컴퓨터가 무작위로 번호를 선택해주는 것이고, 수동 선택은 사람이 직접 번호를 고르는 것인데, 결과적으로는 모두 8,145,060분의 1이라는 동일한 확률을 가집니다. 각 조합은 동일한 확률을 가지며, 이는 로또가 '균등 분포Uniform Distribution'를 따른다는 것을 의미합니다. 균등 분포에서는 모든 결과가 동일한 확률을 가지므로, 어떤 전략이나 패턴도 당첨 확률을 높일 수 없습니다.

로또의 확률론적 특성을 이해하는 것은 위험 관리와 의사결정에 도움이 됩니다. '분산Variance'과 '표준편차Standard Deviation'라는 개념을 통해 로또 구매의 위험성을 정량적으로 평가할 수 있습니다.

로또는 기댓값이 낮을 뿐만 아니라 분산이 매우 큰 투자입니다. 대부분의 경우 아무것도 얻지 못하지만, 극히 드물게 매우 큰 상금을 받을 수 있습니다. 이런 높은 분산은 로또가 '고위험 투자'임을 의미합니다. 반면 은행 예금은 기댓값은 낮지만 분산이 거의 0에 가까운 '저위험 투자'입니다. 주식 투자는 로또와 예금의 중간 정도에 해당하며, 기댓값이 플러스이면서 분산은 적당한 수준을 유지합니다. 이런 위험-수익률 분석을 통해 로또가 합리적인 투자 수단이 아님을 확실히 알 수 있습니다.

로또는 우리에게 확률의 세계를 들여다볼 수 있는 창을 제공합니다. 그것은 우리가 불확실성과 운을 어떻게 인식하고 대처하는지, 그리고 우리의 희망과 현실 사이의 간극을 어떻게 조율하는지를 보여줍니다.

로또를 통해 우리는 확률, 기대, 그리고 인간 심리의 복잡한 상호작용을 볼 수 있습니다. 이는 우리가 일상생활에서 마주치는 다양한 불확실성과 위험을 이해하고 대처하는 데 도움을 줄 수 있습니다. 더 나아가, 로또는 우리 사회의 경제적 불평등과 사회 이동성에 대한 논의를 촉발시킵니다.

왜 많은 사람들이 극히 낮은 확률의 로또에 희망을 걸까요? 이는 현재의 사회 경제 시스템 내에서 상향 이동의 기회가 제한적이라고 느끼는 사람들의 심리를 반영하는 것일 수 있습니다. 따라서 로또 현상을 이해하는 것은 우리 사회의 구조적 문제를 이해하는 데도 도움이 될 수 있습니다.

로또의 확률적 진실을 이해함으로써, 우리는 더 현명하고 균형 잡힌 방식으로 삶의 불확실성과 기회를 바라볼 수 있게 됩니다. 이는 개인적인 재정 관리에서부터 사회적 정책 결정에 이르기까지 다양한 영역에서 중요한 관점을 제공할 수 있습니다. 결국, 로또는 단순 게임이 아니라 우리의 희망, 두려움, 그리고 사회적 가치가 복잡하게 얽힌 현상입니다. 이를 이해하는 것은 우리 자신과 우리가 살아가는 세상을 더 깊이 이해하는 첫 걸음이 될 수 있습니다.

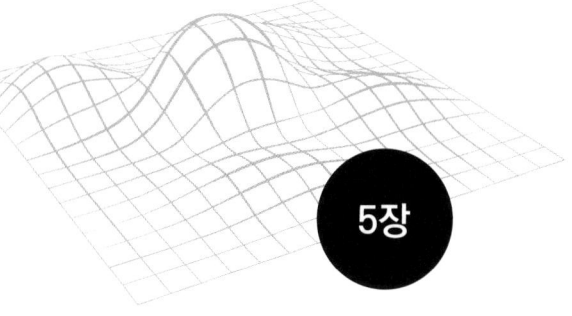

$E[aX+b] = a\,E[X] + b$

5장

날씨 예보의 확률 게임

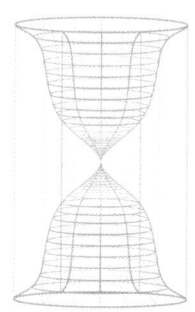

$\mathrm{Var}(X) = E[X^2] - (E[X])^2$

날씨 예보의
확률 게임

 날씨는 우리의 일상생활에 깊숙이 관여하는 중요한 요소입니다. 아침에 일어나 창밖을 바라보며 오늘 하루 어떤 옷을 입을지, 우산을 챙겨야 할지 고민해 본 경험이 모두에게 있을 것입니다. 하지만 우리가 매일 접하는 날씨 예보가 사실은 매우 복잡한 확률 게임의 결과물이라는 사실을 아는 사람은 많지 않습니다. 오늘날의 날씨 예보는 추측이 아닌, 고도로 발전된 확률 모델과 첨단 기술의 결정체입니다.
 날씨를 예측한다는 것은 마치 수십억 개의 공이 공중에서 무작위로 충돌하며 움직이는 상황에서 각 공의 다음 위치를 맞히는 것과 같습니다. 대기는 온도, 습도, 기압, 바람 등 수많은 변수들이 서로 영향을 주고받으며 끊임없이 변화하는 거대한 시스템입니다. 이 시스템 안에서 나비 한 마리의 날갯짓이 지구 반대편의 폭풍을 일으킬 수 있다는 '나비 효과'는 비유처럼 들리지만 실제로 나타나는 현상입니다.

기상 예측에서 확률 모델의 사용은 20세기 초반부터 본격화되었습니다. 당시 기상학자들은 대기의 움직임이 너무나 복잡해서 정확한 예측이 불가능하다고 생각했습니다. 그러나 영국의 수학자이자 기상학자인 루이스 프라이 리처드슨Lewis Fry Richardson은 이러한 통념에 도전했습니다. 그는 1922년 '수치적 일기 예보numerical weather prediction, NWP'라는 혁신적인 개념을 제시했습니다.

리처드슨의 아이디어는 대기를 작은 격자로 나누고, 각 격자점에서의 기상 변수들의 변화를 수학적 방정식으로 표현하여 미래의 날씨를 예측하는 것이었습니다. 이는 마치 거대한 체스판 위에서 각 칸마다 일어나는 변화를 계산하는 것과 비슷했습니다. 각 격자점에서는 온도가 어떻게 변할지, 바람이 어느 방향으로 불지, 수증기가 어떻게 이동할지를 복잡한 미분방정식으로 계산해야 했습니다.

리처드슨의 방법은 당시에는 너무 앞서 나간 것이어서 실제로 적용되기까지는 오랜 시간이 걸렸습니다. 컴퓨터가 없던 시대에 그의 계산은 너무나 방대해서 실제 날씨보다 더 오래 걸렸기 때문입니다. 예를 들어, 그가 제안한 방법으로 24시간 후의 날씨를 예측하려면 64,000명의 수학자가 쉬지 않고 계산해야 할 정도였습니다. 이는 실용적이지 않았지만, 그의 아이디어는 현대 기상 예측의 근간이 되었고, 오늘날 우리가 사용하는 수치 예보 모델의 기초가 되었습니다.

현대의 날씨 예보에서는 베이즈 정리Bayes' theorem라는 확률론의 핵심 개념이 중요하게 사용됩니다. 이를 이해하기 위해 먼저 간단한 예를 들어보겠습니다. 여러분이 평소 자주 이용하는 치킨집에서 배달을 주문했다고 상상해보세요. 이 치킨집은 보통 30분 안에 배달이 오는 편이지만, 가끔 40-50분까지 걸리기도 합니다. 과거 경험을 바탕으로 여러분은 "30분 안에 올 확률이 70% 정도"라고 생각합니다. 그런데 주문 후 10분쯤 지나서 밖을 보니 갑자기 비가 내리기 시작했습니다. 이 새로운 정보로 인해 여러분의 예상이 바뀝니다. 평소에는 30분 안에 올 가능성이 높다고 생각했지만, 비가 내린다는 정보가 추가되면서 "교통이 밀릴 테니 40분은 걸리겠구나"라고 예상 시간을 수정하게 됩니다.

베이즈 정리는 바로 이런 상황에서 사용되는 수학적 방법입니다. 18세기 영국의 수학자 토머스 베이즈에 의해 제안된 것으로, 새로운 정보가 주어졌을 때 기존의 확률을 어떻게 갱신해야 하는지를 알려주는 수학적 원리입니다. 날씨 예보에 적용하면, 과거의 기상 데이터와 현재의 관측 결과를 바탕으로 미래의 날씨 확률을 계산할 수 있게 됩니다.

예를 들어, 내일 비가 올 확률을 예측한다고 생각해 봅시다. 우리는 과거의 데이터를 통해 이 계절에 비가 오는 평균적인 확률을 알고 있습니다. 5월 중순이라면 과거 30년간의 데이터를 보면 평균적으로 10일 중 3일 정도 비가 왔다고 하겠습니다. 이것을 '사전 확률'이라고 부릅니다. 그런데 오늘 저녁에 구름이 많이 끼었다는 새로운 관측 결과가 들어왔습니다. 기상학자들은 과거 경험을 통해 구름이 많이 낀 날 다음날 비가 올 확률이 평소보다 높다는 것을 알고 있습니다.

베이즈 정리를 이용하면, 이 새로운 정보를 바탕으로 내일 비가 올 확률을 더 정확하게 갱신할 수 있습니다. 구름이 많이 꼈다는 정보가 추가되면서 내일 비가 올 확률이 30%에서 60%로 높아질 수 있습니다. 이렇게 갱신된 확률을 '사후 확률'이라고 합니다. 만약 여기에 또 다른 정보, 예를 들어 기압이 급격히 떨어졌다는 관측 결과가 추가되면 이 확률은 다시 한 번 갱신될 수 있습니다.

베이즈 정리의 수학적 표현은 다음과 같습니다:

$$P(A|B) = P(B|A) \times P(A) \div P(B).$$

이 식이 복잡해 보일 수 있지만, 각 부분을 하나씩 이해하면 생각보다 어렵지 않습니다. 여기서 $P(A|B)$는 B라는 사건이 일어났을 때 A라는 사건이 일어날 조건부 확률을 의미합니다. 날씨 예보에 적용하면, A는 '내일 비가 옴', B는 '오늘 저녁 구름이 많이 낌'이 될 수 있습니다.

$P(B|A)$는 내일 비가 올 때 오늘 저녁 구름이 많이 끼는 확률입니다. 이는 과거 데이터를 통해 계산할 수 있습니다. 비가

온 날들을 모두 조사해보면, 그 전날 저녁에 구름이 많이 꼈던 비율을 알 수 있습니다. P(A)는 내일 비가 올 사전 확률이고, P(B)는 오늘 저녁 구름이 많이 끼는 전체적인 확률입니다. 예를 들어, 구체적인 수치로 계산해보면:

· **P(B|A) = 0.8** : 내일 비가 올 때 오늘 저녁 구름이 많이 끼는 확률 80%
→ 과거 데이터: "비가 온 100일 중 80일은 전날 저녁에 구름이 많았다"
· **P(A) = 0.3** : 내일 비가 올 사전 확률 30%
→ 일반적으로 "이 계절에 비가 올 확률은 30% 정도"
· **P(B) = 0.5** : 오늘 저녁 구름이 많이 끼는 전체 확률이 50%
→ 평소에 "저녁에 구름이 많이 끼는 날은 50% 정도"

· 베이즈 정리로 계산: P(내일 비|오늘 저녁 구름 많음) = (0.8 × 0.3) ÷ 0.5 = 0.24 ÷ 0.5 = **0.48 (48%)**

따라서, 쉽게 정리해보면 "새로운 정보가 주어졌을 때의 확률 = (가정이 맞을 때 정보가 나올 확률 × 원래 확률) ÷ 정보가 나타날 전체 확률" 이라고 나타낼 수 있습니다.

이러한 베이즈 정리는 강수 예측뿐만 아니라 기온, 풍속, 습도 등 다양한 기상 요소들의 예측에도 광범위하게 사용됩니다. 예를 들어, 내일의 최고 기온을 예측할 때도 베이즈 정리를 활용할 수 있습니다. 과거의 데이터를 바탕으로 내일의 최고 기온에 대한 사전 확률을 설정하고, 오늘의 기온, 습도, 풍향 등의 관측 결과를 새로운 정보로 활용하여 최고 기온의 확률 분포를 갱신하는 것입니다.

현대 기상학에서는 단일 예측 모델에만 의존하지 않고, 여러 모델의 결과를 종합하는 '앙상블 예보' 방식을 많이 사용합니다. 앙상블 예보는 마치 여러 명의 전문가 의견을 종합하는 것과 비슷합니다. 이를 이해하기 위해 의사의 진단 과정을 생각해보겠습니다. 중요한 수술을 앞둔 환자가 있다면, 한 명의 의사 의견만으로 결정하기보다는 여러 전문의의 의견을 종합해서 최종 결정을 내리는 것이 더 안전합니다. 각 의사는 자신의 경험과 전문성을 바탕으로 진단을 내리지만, 개인의 편견이나 실수가 있을 수 있습니다. 하지만 여러 의사의 의견을 종합하면 이런 개별적인 오류를 줄일 수 있습니다.

앙상블 예보도 이와 같은 원리입니다. 각기 다른 초기 조건이나 물리적 가정을 적용한 여러 예보 모델을 동시에 실행하고, 그 결과들을 통계적으로 분석하여 최종 예보를 만듭니다. 예를 들어, 같은 날씨 상황에 대해 유럽 모델, 미국 모델, 일본 모델 등이 각각 다른 예측을 할 수 있습니다. 이는 각 모델이 사용하는 물리 법칙의 근사 방법이나 격자 크기, 초기 조건 설정 방식이 조금씩 다르기 때문입니다.

앙상블 예보의 장점은 단일 모델이 가질 수 있는 편향을 줄이고, 예측의 불확실성을 더 잘 표현할 수 있다는 것입니다.

예를 들어, 10개의 모델 중 8개가 내일 비가 올 것으로 예측하고 2개는 맑을 것으로 예측한다면, 우리는 내일 비가 올 확률을 80%로 표현할 수 있습니다. 이는 단순히 "내일 비가 옵니다"라고 말하는 것보다 훨씬 더 많은 정보를 제공합니다. 80%라는 확률은 100번 중 80번 정도는 비가 오지만, 20번 정도는 비가 오지 않을 수도 있다는 의미입니다.

하지만 여기서 중요한 것은 모든 모델이 똑같은 가중치를 갖는 것은 아니라는 점입니다. 과거의 예측 정확도나 특정 기상 상황에서의 성능을 바탕으로 각 모델에 다른 가중치를 부여할 수 있습니다. 예를 들어, A 모델이 여름철 강수 예측에서 특히 정확했다면, 여름철 비 예보에서는 A 모델의 결과에 더 큰 가중치를 둘 수 있습니다.

앙상블 예보는 특히 장기 예보나 극단적인 기상 현상을 예측할 때 유용합니다. 예를 들어, 태풍의 진로를 예측할 때 여러 모델의 결과를 종합하여 '스파게티 모델'이라 불리는 다양한 가능 경로를 제시합니다. 이 이름은 각 모델의 예측 경로를 선으로 그렸을 때 마치 접시에 담긴 스파게티 면발처럼 보이기 때문에 붙여졌습니다. 이를 통해 태풍의 이동 경로에 대한 불확실성을 시각적으로 표현하고, 대비 범위를 더 넓게 설정할 수 있습니다. 태풍 예측에서 스파게티 모델을 보면, 때로는 모든 선이 비슷한 경로를 그리기도 하고, 때로는 완전히 다른 방향으로 퍼져나가기도 합니다. 모든 모델이 비슷한 경로를 예측한다면 그 예측에 대한 신뢰도가 높다고 볼 수 있습니다. 반대로 모델들의 예측이 크게 다르다면, 아직 불확실성이 높다는 의미입니다. 이런 경우 기상청은 "태풍의 진로가 아직 불확실하므로 계속 관심을 가지고 지켜봐야 한다"고 발표합니다.

기후 변화 예측에서도 확률론적 접근은 매우 중요합니다. 기후는 장기간에 걸친 기상 현상의 평균적인 상태를 의미하는데, 이를 예측하는 것은 날씨를 예측하는 것보다 훨씬 더 복잡합니다. 날씨가 "내일 비가 올까?"라는 질문이라면, 기후는 "50년 후에도 한국의 여름이 지금처럼 덥고 습할까?"라는 질문입니다.

기후 변화 모델은 대기, 해양, 육지, 빙하 등 지구 시스템의 여러 요소들을 모두 고려해야 하며, 인간 활동으로 인한 온실가스 배출과 같은 불확실한 요소들도 포함해야 합니다. 예를 들어, 미래에 석탄 발전소를 얼마나 많이 사용할지, 전기차가 얼마나 빨리 보급될지, 새로운 청정 에너지 기술이 언제 상용화될지 등은 아무도 정확히 예측할 수 없습니다. 이런 불확실성 때문에 기후 변화 예측은 항상 확률적 형태로 표현됩니다.

이러한 복잡성 때문에 기후 변화 예측은 항상 확률적 형태로 표현됩니다. 예를 들어, "2100년까지 지구 평균 기온이 2°C에서 4°C 사이로 상승할 가능성이 높다"와 같은 형태로 예측 결과를 제시합니다. 이는 불확실성을 인정하는 것이 아니라,

가능한 미래 시나리오의 범위와 각 시나리오의 발생 가능성을 과학적으로 표현하는 방법입니다.

기후 변화 예측에서는 '대표 농도 경로(RCP, Representative Concentration Pathways)'라는 개념도 사용됩니다. 이는 미래의 온실가스 배출량에 따른 여러 가지 시나리오를 나타내며, 각 시나리오에 따른 기후 변화의 확률을 계산합니다. RCP는 숫자로 표현되는데, 이 숫자는 2100년 대기 중 온실가스 농도가 지구에 미치는 복사강제력을 와트/제곱미터 단위로 나타낸 것입니다.

예를 들어, RCP 2.6은 온실가스 배출을 적극적으로 줄여서 21세기 중반 이후 배출량이 감소하는 '최선의 시나리오'를 나타냅니다. 이 경우 21세기 말까지 평균 기온이 1.5°C 정도 상승할 가능성이 높습니다. 반면 RCP 8.5는 온실가스 배출량이 계속 증가하는 '최악의 시나리오'를 나타내며, 이 경우 21세기 말까지 평균 기온이 3.7°C 상승할 확률이 높다고 예측합니다. 이 숫자들은 확정된 미래가 아니라, 각 시나리오에 따른 확률적 예측임을 이해하는 것이 중요합니다.

일상생활에서 기상 확률 정보를 해석하고 활용하는 것은 매우 중요합니다. "오후에 비가 올 확률 30%"라는 예보를 들었을 때, 이는 어떤 의미일까요? 많은 사람들이 이를 잘못 해석합니다. 어떤 사람은 "오후 시간의 30%동안 비가 올 것이다"라고 생각하고, 다른 사람은 "오후 지역의 30%에서 비가 올 것이다"라고 해석하기도 합니다. 하지만 실제로는 "동일한 기상 조건에서 10번 중 3번 정도 비가 온다"는 의미입니다.

좀 더 정확히 말하면, 현재와 같은 기상 조건이 100번 반복된다면 그 중 30번 정도는 실제로 비가 오고, 70번은 비가 오지 않을 것이라는 뜻입니다. 이는 빈도론적 확률 해석에 기반한 것입니다. 물론 실제로는 같은 기상 조건을 100번 반복할 수는 없으므로, 이는 과거의 유사한 기상 조건에서 비가 온 빈도를 바탕으로 계산된 것입니다.

이러한 확률 정보를 바탕으로 우리는 일상생활에서 다양한 결정을 내립니다. 비가 올 확률이 30%라면 우산을 가져갈까요? 이는 개인의 상황과 선호에 따라 다를 수 있습니다. 이를 '위험 선호도'라는 개념으로 설명할 수 있습니다. 어떤 사람은 위험을 회피하려는 성향이 강해서 30%의 확률도 충분히 높다고 생각할 수 있습니다. 중요한 미팅이 있어서 절대 젖으면 안 되는 상황이라면 더욱 그렇습니다. 반면, 다른 사람은 위험을 감수하려는 성향이 강해서 70%의 확률로 비가 오지 않을 것이라고 생각하고 우산 없이 나갈 수도 있습니다. 특히 가벼운 산책을 계획하고 있고, 약간의 비는 상관없다고 생각한다면 더욱 그렇습니다. 이처럼 같은 확률 정보라도 개인의 상황과 성향에 따라 다른 행동으로 이어질 수 있습니다.

흥미로운 것은 사람들이 확률을 해석하는 방식에 여러 가지 편향이 있다는 점입니다. 예를 들어, 많은 사람들이 30%보다는 70%라는 표현을 선호합니다. "비가 올 확률 30%"보다는 "맑을 확률 70%"라는 표현이 더 긍정적으로 느껴지기 때문입니다. 이는 '프레이밍 효과Framing Effect'라고 불리는 심리학적 현상입니다.

날씨 예보의 확률 정보는 농업, 항공, 해운 등 다양한 산업 분야에서도 중요하게 활용됩니다. 농업에서는 강수 확률 정보가 매우 중요합니다. 농부들은 강수 확률을 바탕으로 관개 계획을 세웁니다. 예를 들어, 일주일 후 비가 올 확률이 80%라면 관개를 미룰 수 있지만, 20%라면 미리 관개를 해두는 것이 좋습니다. 특히 물이 부족한 지역에서는 이런 확률 정보가 농업 생산성에 직접적인 영향을 미칩니다.

항공 산업에서도 기상 확률 정보는 필수적입니다. 항공사들은 악천후 확률에 따라 비행 일정을 조정합니다. 목적지 공항에 안개가 낄 확률이 50% 이상이라면 대체 공항을 미리 준비해두고, 연료를 더 많이 실어서 출발할 수 있습니다. 또한 난기류 발생 확률 정보를 바탕으로 비행 경로를 조정하여 승객의 안전과 편의를 도모합니다. 해운업에서는 파도 높이와 풍속에 대한 확률 예보가 중요합니다. 큰 화물선의 경우 어느 정도의 악천후는 견딜 수 있지만, 소형 어선이나 레저용 요트는 상황이 다릅니다. 풍속이 시속 30km를 넘을 확률이 60% 이상이라면 소형 선박의 출항을 금지하는 등의 결정을 내립니다.

이처럼 확률론적 날씨 예보는 정보 제공을 넘어 경제적, 사회적으로 큰 영향을 미치고 있습니다. 미국의 경우 기상 예보의 경제적 가치가 연간 수십억 달러에 달한다는 연구 결과도 있습니다. 정확한 날씨 예보로 인해 농업 손실을 줄이고, 항공기 연착을 방지하고, 자연재해로 인한 피해를 최소화할 수 있기 때문입니다.

 확률론은 날씨 예보의 근간을 이루고 있으며, 우리의 일상생활과 밀접하게 연결되어 있습니다. 기상학자들은 계속해서 더 정확한 예측을 위해 새로운 확률 모델과 기술을 개발하고 있습니다. 예를 들어, 최근에는 인공지능과 머신러닝 기술을 활용하여 기존의 수치 예보 모델을 보완하는 연구가 활발히 이루어지고 있습니다.

 인공지능 기반의 날씨 예측 모델은 기존의 물리 방정식 기반 델과는 다른 접근 방식을 취합니다. 전통적인 수치 예보 모델이 대기의 물리 법칙을 수학적으로 모델링하는 방식이라면, 인공지능 모델은 과거의 기상 데이터에서 패턴을 학습하는 방식입니다. 이는 마치 숙련된 어부가 오랜 경험을 통해 날씨를 예측하는 것과 비슷합니다.

 이 모델들은 방대한 과거 기상 데이터를 학습하여 복잡한 패턴을 인식하고, 이를 바탕으로 미래의 날씨를 예측합니다. 예를 들어, 구글의 DeepMind 팀은 '나우캐스팅Nowcasting' 시스템을 개발했는데, 이는 레이더 이미지를 분석하여 단기간의 강수를 매우 정확하게 예측할 수 있습니다. 이 시스템은 과거 수년간의 레이더 이미지와 실제 강수량 데이터를 학습하여, 현재의 레이더 이미지만으로도 앞으로 2-3시간 동안의 강수 패턴을 예측할 수 있습니다. 흥미로운 점은 인공지능 모델이 때로는 기존의 물리 모델이 놓치는 미묘한 패턴을 포착할 수 있다는 것입니다. 예를 들어, 구름의 모양, 위성 이미지의 색상 변화, 기압 패턴의 미세한 변화 등을 종합적으로 분석하여 예측 정확도를 높일 수 있습니다. 이는 인간 기상학자의 직관과 비슷한 방식이지만, 훨씬 더 많은 데이터를 동시에 처리할 수 있다는 장점이 있습니다.

또한, 빅데이터 기술의 발전으로 더 많은 기상 관측 데이터를 실시간으로 수집하고 분석할 수 있게 되었습니다. 이는 특히 국지적인 날씨 예보의 정확도를 크게 향상시킬 수 있습니다. 과거에는 기상 관측소에서만 데이터를 수집했다면, 이제는 자동차, 스마트폰, IoT 센서 등 다양한 기기에서 기상 데이터를 수집할 수 있습니다. 예를 들어, 스마트폰의 기압계 센서 데이터를 활용하여 미세한 기압 변화를 감지하고, 이를 통해 국지적인 강수를 더 정확하게 예측하는 연구가 진행되고 있습니다. 수백만 대의 스마트폰이 동시에 기압을 측정한다면, 이는 기존의 기상 관측 네트워크보다 훨씬 조밀한 관측망을 구성할 수 있습니다. 물론 개별 스마트폰의 센서는 전문 기상 장비만큼 정확하지 않지만, 대량의 데이터를 통계적으로 처리하면 충분히 유용한 정보를 얻을 수 있습니다.

자동차의 와이퍼 작동 데이터도 흥미로운 기상 정보원이 될 수 있습니다. 특정 지역에서 많은 자동차의 와이퍼가 동시에 작동한다면, 그 지역에 비가 내리고 있다는 실시간 정보를 얻을 수 있습니다. 이런 정보는 기존의 레이더나 위성 데이터보다 더 즉각적이고 정확할 수 있습니다.

미래에는 더욱 정교한 확률 모델과 빅데이터 분석 기술의 발전으로 날씨 예보의 정확도가 크게 향상될 것으로 예상됩니다. 또한 개인화된 날씨 정보 서비스도 가능해질 것입니다. 예를 들어, 사용자의 위치와 일정을 고려하여 "오후 3시에 회사에서 집으로 돌아갈 때 비를 맞을 확률이 60%입니다. 지하철역까지는 20%, 집까지는 40% 확률로 비가 내릴 예정입니다"와 같은 맞춤형 예보를 제공할 수 있을 것입니다. 이런 개인화된 예보가 가능해지면, 우리는 더욱 정교한 일상 계획을 세울 수 있을 것입니다.

더 나아가, 기후 변화로 인한 극단적 기상 현상의 증가에 대응하기 위해, 장기 예보와 재해 예측 분야에서도 확률론적 접근이 더욱 중요해질 것입니다. 예를 들어, 특정 지역의 100년 빈도 홍수의 발생 확률이 기후 변화로 인해 어떻게 변화할지를 예측하고, 이를 바탕으로 도시 계획이나 재해 대비 정책을 수립하는 데 활용될 수 있습니다. 100년 빈도 홍수라는 것은 통계적으로 100년에 한 번 일어날 정도로 큰 홍수를 의미합니다. 하지만 기후 변화로 인해 강수 패턴이 변하면, 이런 극단적인 사건의 발생 확률도 달라질 수 있습니다. 과거에는 100년에 한 번 일어날 정도의 큰 비가 미래에는 50년에 한 번, 심지어 20년에 한 번 일어날 수도 있습니다. 이런 변화를 미리 예측하고 대비하는 것이 매우 중요합니다.

날씨 예보는 예측이 아닌 복잡한 확률 게임입니다. 이 게임에서 승리하기 위해 기상학자들은 끊임없이 새로운 확률론적 도구와 기술을 개발하고 있습니다. 우리가 매일 접하는 날씨 예보 뒤에는 이러한 과학자들의 노력과 첨단 기술, 그리고 정교한 수학적 모델들이 숨어있습니다. 이제 날씨 예보를 접할 때마다 우리는 그 이면에 숨어있는 복잡한 확률 계산과 수학적 원리들을 이해할 수 있게 되었습니다. 그렇게 함으로써 우리는 날씨라는 자연 현상을 더욱 깊이 이해하고, 더 현명하게 대처할 수 있을 것입니다. 또한, 이러한 이해를 바탕으로 우리는 기후 변화라는 전 지구적 도전에 대해서도 더 나은 대응책을 마련할 수 있을 것입니다.

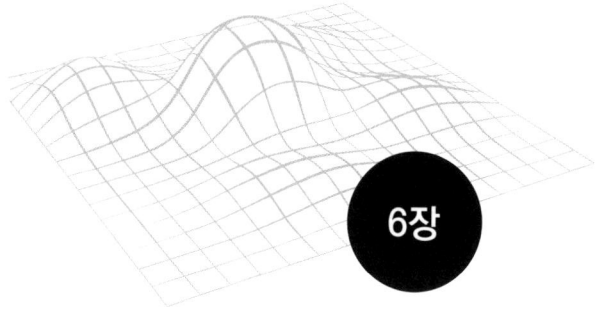

6장

$E[aX+b] = a \cdot E[X] + b$

유전학과 확률의 만남

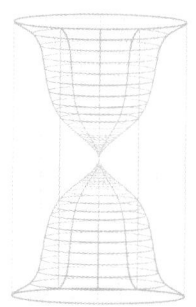

$Var(X) = E[X^2] - (E[X])^2$

유전학과 확률의 만남

인간의 유전적 특성이 어떻게 결정되는지에 대한 의문은 오랫동안 과학자들의 호기심을 자극해왔습니다. 19세기 중반, 오스트리아의 수도사였던 그레고르 멘델Gregor Johan Mendel은 완두콩 실험을 통해 이 의문에 대한 답을 찾아내기 시작했습니다. 멘델은 완두콩의 여러 특성들이 어떻게 다음 세대로 전달되는지 관찰하며, 유전의 기본 법칙을 발견했습니다. 그의 발견은 현대 유전학의 기초가 되었고, 놀랍게도 그 핵심에는 확률의 개념이 자리 잡고 있었습니다.

 멘델이 완두콩을 선택한 이유는 우연이 아니었습니다. 완두콩은 자가 수정이 가능해서 순종을 만들기 쉬웠고, 키 큰 것과 작은 것, 둥근 것과 주름진 것처럼 명확하게 구분되는 특징들을 가지고 있었습니다. 더 중요한 것은 완두콩의 생장 기간이 짧아서 여러 세대에 걸친 변화를 관찰할 수 있다는 점이었습니다. 멘델은 8년간 28,000개가 넘는 완두콩을 세심하게 관찰했고, 이 과정에서 유전이 무작위적인 게임과 같다는 것을 발견했습니다.

멘델의 유전 법칙은 확률론과 밀접하게 연관되어 있습니다. 예를 들어, 멘델의 분리의 법칙에 따르면, 한 쌍의 대립 유전자는 생식 세포가 형성될 때 무작위로 분리됩니다. 이는 마치 동전을 던져 앞면이 나올 확률이 50%인 것과 유사합니다. 두 개의 이형 접합체 부모로부터 태어난 자손이 특정 형질을 나타낼 확률은 정확히 확률론의 원리를 따릅니다.

이를 좀 더 자세히 설명하자면, 키가 큰 유전자(T)와 키가 작은 유전자(t)가 있다고 가정해봅시다. 만약 두 부모 모두 Tt의 유전자형을 가지고 있다면, 생식 세포를 만들 때 각 부모는 50%의 확률로 T 유전자를, 50%의 확률로 t 유전자를 전달합니다. 이는 각각 동전 던지기와 같습니다. 아버지가 T를 전달할 확률과 어머니가 T를 전달할 확률을 곱하면 TT 유전자형이 나올 확률은 25%가 됩니다. 마찬가지로 tt가 나올 확률도 25%입니다.

하지만 Tt 유전자형이 나올 수 있는 경우는 두 가지입니다. 아버지가 T를, 어머니가 t를 전달하는 경우와 아버지가 t를, 어머니가 T를 전달하는 경우입니다. 각각의 확률은 25%이므로, 전체 Tt 확률은 50%가 됩니다. 결국 자손이 가질 수 있는 유전자형은 TT 25%, Tt 50%, tt 25%가 됩니다. T가 우성이라고 가정하면, 키가 큰 표현형을 나타낼 확률은 75%(TT

25% + Tt 50%)가 되는 것입니다.

 이러한 유전적 확률의 개념은 일상생활에서도 쉽게 관찰할 수 있습니다. 예를 들어, 갈색 눈 유전자가 우성이고 파란 눈 유전자가 열성이라고 가정해봅시다. 두 부모 모두 갈색 눈이지만 파란 눈 유전자를 하나씩 가지고 있다면, 그들의 자녀가 파란 눈을 가질 확률은 25%입니다. 이 부부에게 네 명의 자녀가 있다고 해서 반드시 한 명이 파란 눈을 가지는 것은 아닙니다. 각각의 임신은 독립적인 확률적 사건이므로, 네 명 모두 갈색 눈을 가질 수도 있고, 두 명이 파란 눈을 가질 수도 있습니다. 이러한 원리는 우리가 주사위를 던져 특정 숫자가 나올 확률을 계산하는 것과 매우 유사합니다. 주사위를 6번 던진다고 해서 각 숫자가 정확히 한 번씩 나오는 것이 아닌 것처럼, 유전에서도 예상 확률과 실제 결과 사이에는 차이가 있을 수 있습니다. 하지만 많은 수의 자손을 관찰하면 할수록 실제 비율은 예상 확률에 가까워집니다.

 이러한 확률적 접근은 유전 상담에서도 중요하게 활용됩니다. 예를 들어, 낫모양적혈구병(겸상적혈구병)은 열성 유전 질환입니다. 이 질환의 보인자인 부모 두 명이 아이를 가질 때, 그 아이가 해당 질병을 가질 확률은 25%입니다. 하지만 이 확률이 의미하는 바를 정확히 이해하는 것이 중요합니다. 25%라는 것은 네 번의 임신 중 한 번은 아픈 아이를 낳는다는 의미가 아니라, 각각의 임신에서 아픈 아이를 낳을 가능성이 25%라는 뜻입니다.

하디-바인베르크 평형Hardy-Weinberg Equilibrium, HWE은 유전학과 확률론의 만남을 더욱 심화시킨 개념입니다. 이 원리는 대규모 개체군에서 유전자 빈도가 어떻게 유지되는지를 설명합니다. 고드프리 하디Godfrey Harold Hardy와 빌헬름 바인베르크Wilhelm Weinberg가 각각 독립적으로 발견한 이 원리는 특정 조건 하에서 유전자 빈도가 세대를 거쳐 일정하게 유지된다는 것을 보여줍니다.

이를 구체적으로 살펴보면, 어떤 집단에서 특정 유전자의 빈도가 p이고, 다른 대립 유전자의 빈도가 q라면(p + q = 1), 이 집단에서 각 유전자형의 빈도는 확률론적으로 p^2(동형접합 우성), 2pq(이형접합), q^2(동형접합 열성)가 됩니다. 이는 마치 빨간 구슬과 파란 구슬이 들어있는 큰 상자에서 무작위로 두 개의 구슬을 뽑는 것과 같습니다.

예를 들어, 한국 인구에서 떨어진 귓불 유전자(우성)의 빈도가 0.7이고 붙은 귓불 유전자(열성)의 빈도가 0.3이라고 가정해봅시다. 하디-바인베르크 평형에 따르면, 떨어진 귓불 동형접합체의 빈도는 0.7^2 = 0.49(49%), 이형접합체의 빈도는 2 × 0.7 × 0.3 = 0.42(42%), 붙은 귓불 동형접합체의 빈도는 0.3^2 = 0.09(9%)가 됩니다. 즉, 100명 중 49명이 떨어진 귓불 유전자만 가지고 있고, 42명이 떨어진 귓불과 붙은 귓불 유전자를 하나씩 가지고 있으며, 9명이 붙은 귓불 유전자만 가지고 있다는 의미입니다.

이 원리는 집단 유전학에서 매우 중요한 역할을 합니다. 예를 들어, 특정 질병과 관련된 유전자의 빈도를 추정하거나, 유전적 다양성을 연구하는 데 활용됩니다. 또한 진화 과정에서 유전자 빈도의 변화를 예측하는 데도 사용됩니다. 하지만 이 평형이 유지되기 위해서는 무작위 교배, 돌연변이 없음, 자연선택 없음, 유전자 흐름 없음, 큰 개체군 크기 등의 조건이 필요합니다.

현대 의학에서 유전자 검사는 매우 중요한 역할을 하고 있습니다. 여기서도 확률론이 핵심적인 역할을 합니다. 예를 들어, 특정 유전병에 대한 검사 결과가 양성으로 나왔다고 가정해봅시다. 이 때, 실제로 그 사람이 해당 질병을 가지고 있을 확률은 얼마일까요? 이는 단순히 검사의 정확도만으로는 결정할 수 없습니다. 여기서 우리는 앞서 날씨 예보에서 설명한 확률 갱신 원리를 사용합니다.

유전자 검사의 경우, 검사 결과가 양성일 때 실제로 질병이 있을 확률을 계산하기 위해서는 질병의 발생 빈도, 검사의 민감도(실제 환자를 양성으로 판정할 확률), 특이도(건강한 사람을 음성으로 판정할 확률) 등의 정보가 필요합니다. 이러한 정보들을 확률 갱신 원리에 적용하면, 검사 결과의 실제 의미를 더 정확하게 해석할 수 있습니다.

구체적인 예를 들어보겠습니다. 헌팅턴병이라는 신경퇴행성 질환이 있습니다. 실제 보고에 따르면 이 질병의 전체 인구에서의 발생률은 약 10만 명당 4~6명이지만, 여기서는 계산의 편의를 위해 약 0.01%(10만 명 중 10명)으로 가정하겠습니다. 그리고 헌팅턴병 유전자 검사의 정확도는 매우 높아서 민감도가 99.9%, 특이도가 99.9%라고 가정해봅시다. 이 경우, 검사 결과가 양성으로 나왔을 때 실제로 질병이 있을 확률은 얼마일까요? 많은 사람들이 직관적으로 99.9%라고 생각하지만, 실제로는 그렇지 않습니다. 이는 질병 자체의 발생률이 매우 낮기 때문입니다. 예를 들어 10만 명을 검사했다고 가정해봅시다. 이 중 실제 환자는 10명이고, 이 중 99.9%인 약 9.99명이 양성 판정을 받습니다. 나머지 99,990명은 건강한 사람이며, 이 중 0.1%인 약 99.99명이 잘못 양성 판정을 받습니다. 따라서 양성 판정을 받은 사람은 총 9.99 + 99.99 ≈ 109.98명이며, 이 중 실제 환자는 9.99명이므로 검사 결과가 양성일 때 실제로 질병이 있을 확률은 9.99 ÷ 109.98 ≈ 9.1%가 됩니다. 검사 결과를 2x2 분할표로 정리하면 다음과 같습니다.

	검사양성	검사음성	합계
실제환자	참양성: 9.99명	위음성: 0.01명	10명
건강한사람	위양성: 99.99명	참음성: 99,890.01명	99,990명
합계	109.98명	99,890.02명	100,000명

이를 베이즈 정리 공식으로 정리하면 다음과 같습니다:

P(질병|양성) = P(양성|질병) × P(질병) / P(양성)

= 0.999 × 0.0001 / (0.999 × 0.0001 + 0.001 × 0.9999)
= 0.0000999 / 0.0010998
≈ 0.091 (9.1%)

이러한 결과는 많은 사람들의 직관과 다른 결과로, 확률론적 사고의 중요성을 잘 보여줍니다.

집단 유전학에서도 확률 모델은 중요한 역할을 합니다. 예를 들어, 유전적 부동genetic drift이라는 현상은 작은 개체군에서 무작위로 일어나는 유전자 빈도의 변화를 설명합니다. 이는 마치 동전을 적은 횟수로 던졌을 때 앞면과 뒷면의 비율이 50:50에서 크게 벗어날 수 있는 것과 유사합니다. 작은 섬에 100마리의 나비가 살고 있다고 가정해봅시다. 이 나비들 중 50마리는 빨간 날개를, 50마리는 파란 날개를 가지고 있습니다. 이론적으로는 다음 세대에도 빨간 날개와 파란 날개 나비의 비율이 50:50을 유지해야 합니다. 하지만 실제로는 무작위적인 요인들(예: 일부 나비가 번식 전에 우연히 죽거나, 일부 나비가 더 많은 후손을 남기거나)에 의해 이 비율이 변할 수 있습니다. 이런 변화가 여러 세대에 걸쳐 누적되면, 결국

한 쪽 유전자가 완전히 사라지거나 매우 드물어질 수 있습니다. 이러한 현상을 모델링하고 예측하는 데 확률론이 핵심적인 역할을 합니다.

이러한 원리는 보존생물학에서 매우 중요합니다. 멸종 위기에 처한 동물들의 개체군이 작아질수록 유전적 다양성이 빠르게 감소할 수 있습니다. 예를 들어, 시베리아 호랑이의 개체수가 몇 백 마리로 줄어들면, 유전적 부동에 의해 일부 유전자가 사라질 수 있습니다. 이러한 점은 종의 적응 능력을 감소시키고 최종적으로 멸종 위험을 높일 수 있습니다.

20세기 초반, 영국의 통계학자이자 생물학자인 로널드 피셔 Ronald Aylmer Fisher는 유전학과 통계학을 결합하여 현대 집단유전학의 기초를 마련했습니다. 그는 멘델의 유전 법칙을 대규모 개체군에 적용하여 통계적으로 분석하는 방법을 개발했습니다. 피셔의 연구는 자연 선택과 유전적 변이의 관계를 이해하는 데 크게 기여했으며, 이는 현대 진화론의 발전에 핵심적인 역할을 했습니다. 그의 '유전자의 자연선택이론'은 다윈의 진화론과 멘델의 유전학을 통계적 모델로 통합하여 설명했습니다. 그는 자연선택이 유전자 빈도에 미치는 영향을 수학적으로 모델링했고, 이를 통해 진화 과정을 정량적으로 예측할 수 있는 방법을 제시했습니다. 예를 들어, 특정 유전자가 생존에 유리할 때 그 유전자의 빈도가 세대를 거치면서 어떻게 증가하는지를 수학적으로 계산할 수 있게 되었습니다.

피셔의 연구는 또한 근친교배가 유전적 다양성에 미치는 영향을 정량적으로 분석하는 데도 기여했습니다. 근친교배는 이형접합체의 빈도를 감소시키고 동형접합체의 빈도를 증가시킵니다. 이는 해로운 열성 유전자의 발현 가능성을 높여 개체군의 건강성을 해칠 수 있습니다. 피셔는 이러한 근친교배 계수를 수학적으로 정의하고, 이를 통해 개체군의 유전적 건강성을 평가할 수 있는 방법을 제공했습니다.

DNA 증거의 확률적 해석은 현대 법의학에서 매우 중요한 역할을 합니다. 범죄 현장에서 발견된 DNA 샘플이 특정 용의자의 것과 일치할 확률을 계산하는 것은 고도의 통계적 기법을 필요로 합니다. DNA 프로파일링에서는 여러 개의 유전자 위치(로커스)를 동시에 분석하여 개인을 식별합니다. 현대 DNA 분석에서는 보통 13개 이상의 서로 다른 유전자 위치를 검사합니다. 각 위치에서 특정 패턴이 나타날 확률을 계산하고, 이들을 모두 곱하여 전체 DNA 프로파일이 우연히 일치할 확률을 구합니다. 예를 들어, 각 위치에서 일치할 확률이 10분의 1이라면, 13개 위치 모두 일치할 확률은 10의 13제곱분의 1, 즉 10조분의 1이 됩니다.

하지만 실제 법정에서는 이보다 더 복잡한 확률 계산이 필요합니다. 혼합된 DNA 샘플의 경우 각 사람의 기여도를 확률적으로 계산해야 하고, 용의자의 형제나 부모 등 근친자와의 유전적 유사성도 고려해야 합니다. 예를 들어, 형제간 DNA

일치 확률은 일반인보다 수만 배 높기 때문에, "10억분의 1" 확률이 "수천분의 1"로 바뀔 수 있습니다. 이처럼 확률론적 사고는 DNA 증거의 실제 의미를 정확히 해석하는 데 핵심적인 역할을 합니다.

유전학과 확률론의 결합은 의학 분야에도 혁명적인 변화를 가져왔습니다. 예를 들어, 유전성 질환의 위험을 평가하는 데 있어 확률론적 모델이 광범위하게 사용됩니다. 가족력, 환경 요인, 유전자 검사 결과 등 다양한 정보를 종합하여 개인의 질병 발생 위험을 확률로 표현할 수 있게 되었습니다. 이러한 결과는 맞춤 의학의 발전에 크게 기여하고 있습니다.

BRCA1과 BRCA2 유전자 변이가 있는 여성의 경우를 예로 들어보겠습니다. 이 유전자에 변이가 있으면 유방암과 난소암의 위험이 크게 증가합니다. 하지만 이 위험도는 단순히 유전자 변이의 유무만으로 결정되지 않습니다. 가족력, 나이, 생활 습관, 호르몬 요인 등을 모두 고려해야 합니다. 예를 들어, BRCA1 변이가 있는 여성의 경우 70세까지 유방암에 걸릴 확률이 약 65%라고 알려져 있습니다. 하지만 이는 평균적인 수치이며, 개인의 다른 위험 요인에 따라 실제 위험도는 40%에서 85% 사이에서 변할 수 있습니다. 이런 개인별 위험도 계산을 통해 의사는 환자에게 예방적 수술, 조기 검진, 생활 습관 개선 등의 맞춤형 권고를 할 수 있습니다.

다인자 질환의 경우는 더욱 복잡합니다. 당뇨병, 고혈압, 심장병 등은 여러 유전자의 복합적인 작용과 환경 요인의 상호작용으로 발생합니다. 현재 연구자들은 genome-wide association study(GWAS)를 통해 질병과 관련된 수많은 유전자 변이를 발견하고 있습니다. 각 변이의 효과는 작지만, 이들을 모두 종합하면 개인의 질병 위험을 상당히 정확하게 예측할 수 있습니다. 예를 들어, 특정 개인이 당뇨병과 관련된 100개의 유전자 변이 중 60개를 가지고 있다면, 이 사람의 당뇨병 위험도는 평균보다 높을 것입니다. 하지만 이 사람이 규칙적인 운동을 하고 건강한 식단을 유지한다면, 실제 위험도는 유전적 위험도보다 낮아질 수 있습니다. 이처럼 유전적 요인과 환경적 요인의 복잡한 상호작용을 확률적으로 모델링하는 것이 현대 의학의 중요한 과제입니다.

약물 유전학pharmacogenomics도 확률론적 접근이 중요한 분야입니다. 같은 약물이라도 개인의 유전적 특성에 따라 효과와 부작용이 다르게 나타날 수 있습니다. 예를 들어, 와파린이라는 혈액 응고 방지제는 CYP2C9과 VKORC1 유전자의 변이에 따라 적정 용량이 크게 달라집니다. 이 유전자들에 특정 변이가 있는 사람은 일반적인 용량의 절반 이하로도 충분한 효과를 볼 수 있고, 표준 용량을 사용하면 심각한 출혈 부작용이 발생할 수 있습니다. 이런 정보를 바탕으로 의사는 환자의 유전자 검사 결과를 확인하고, 각 유전자형에 따른 적정 용량을 확률적으로 계산할 수 있습니다. 이를 통해 치료 효과를 최대화하고 부작용을 최소화하는 맞춤형 처방이 가능해집니다. 현재 미국 식품의약국(FDA)에서는 200개 이상의 약물에 대해 유전자 검사를 권고하고 있으며, 이 수는 계속 증가하고 있습니다.

미래에는 유전학과 확률론의 결합이 더욱 강화될 것으로 예상됩니다. 빅데이터와 인공지능 기술의 발전으로, 개인의 유전 정보와 환경 요인을 종합적으로 분석하여 질병 위험을 더욱 정확하게 예측할 수 있게 될 것입니다. 예를 들어, 수많은 유전자와 환경 요인의 복잡한 상호작용을 고려한 확률 모델이 개발될 수 있습니다. 이를 통해 개인별로 더욱 정밀한 건강 관리 방안을 제시할 수 있게 될 것입니다.

전체 유전체 서열 분석whole genome sequencing의 비용이 계속 감소하면서, 개인의 모든 유전 정보를 종합적으로 분석하는 것이 가능해지고 있습니다. 현재 한 사람의 전체 유전체를 분석하는 데 드는 비용은 100만원대로 떨어졌고, 머지않아 건강검진 수준의 비용(10-20만원)으로 가능해질 것으로 예상됩니다. 이렇게 되면 개인의 유전적 특성을 바탕으로 한 평생 건강 관리 계획이 가능해집니다. 예를 들어, 신생아의 유전체를 분석하여 앞으로 걸릴 가능성이 높은 질병들을 예측하고, 각 질병에 대한 예방 전략을 세울 수 있을 것입니다. 또한 개인의 유전적 특성에 맞는 최적의 식단, 운동, 생활 습관을 제안할 수 있을 것입니다.

또한, 유전자 편집 기술의 발전으로 인해 유전자 치료의 성공 확률을 정확하게 계산하고 예측하는 것이 더욱 중요해질 것입니다. CRISPR-Cas9과 같은 유전자 편집 기술이 발전함에 따라, 특정 유전자 변이를 교정할 때의 성공 확률과 잠재적 부작용의 확률을 정확히 계산하는 것이 윤리적, 의학적으로 매우 중요한 과제가 될 것입니다.

유전자 편집의 성공률은 편집하려는 유전자의 위치와 방법에 따라 10%에서 90%까지 크게 달라집니다. 임상에서는 이런 확률 정보가 핵심적입니다. 예를 들어, 치료 성공률 70%, 부작용 발생률 5%라는 확률을 바탕으로 환자와 의사가 치료 여부를 결정하게 됩니다. 집단 수준에서도 확률 모델링이 중요합니다. 말라리아 전파 능력을 없앤 모기를 자연에 방출할 때, 편집된 유전자가 전체 모기 개체군에 퍼질 확률과 생태계 영향을 정확히 예측해야 안전한 적용이 가능합니다.

유전학과 확률론의 만남은 생명과학의 혁명을 이끌어왔습니다. 멘델의 완두콩 실험에서 시작된 이 여정은 현대 의학, 법의학, 진화생물학 등 다양한 분야에 깊은 영향을 미쳤습니다. 앞으로도 이 두 분야의 융합은 계속되어, 우리의 삶과 건강에 직접적인 영향을 미치는 새로운 발견과 혁신을 가져올 것입니다. 우리가 유전자의 비밀을 더 깊이 이해할수록, 확률론의 강력한 도구가 그 과정에서 핵심적인 역할을 할 것임은 분명합니다.

이러한 발전은 과학적 호기심을 충족시키는 데 그치지 않고, 실제로 우리의 삶을 크게 변화시킬 것입니다. 개인화된 의료, 정밀한 질병 예방, 그리고 더 효과적인 치료법 개발 등이 가능해질 것입니다. 동시에, 이러한 발전은 윤리적, 사회적 문제도 제기할 것입니다. 예를 들어, 유전 정보의 프라이버시, 유전자 차별, 유전자 편집의 윤리적 한계 등에 대한 논의가 더욱 중요해질 것입니다.

따라서 우리는 유전학과 확률론의 발전을 단순히 과학적 성과로만 바라볼 것이 아니라, 그것이 우리 사회와 개인의 삶에 미칠 영향을 종합적으로 고려해야 합니다. 이를 통해 우리는 이 강력한 도구를 인류의 발전과 복지 증진을 위해 올바르게 활용할 수 있을 것입니다. 유전학과 확률론의 만남이 열어줄 미래는 흥미진진하며, 동시에 우리에게 큰 책임을 요구합니다. 이 두 분야의 융합이 가져올 획기적 변화를 준비하고, 그 혜택을 모두가 누릴 수 있도록 하는 것이 우리의 과제일 것입니다.었습니다. 멘델은 8년간 28,000개가 넘는 완두콩을 세심하게 관찰했고, 이 과정에서 유전이 무작위적인 게임과 같다는 것을 발견했습니다.

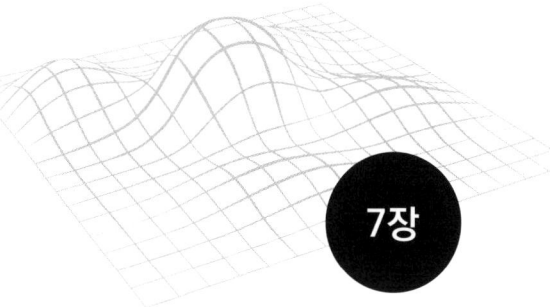

7장

보험과 위험의 수학

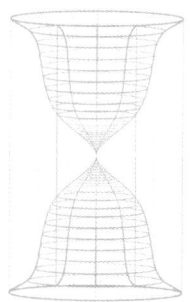

$Var(X)=E[X^2]-(E[X])^2$

보험과 위험의

수학

 우리는 매일 다양한 위험에 직면합니다. 길을 걷다 넘어질 수도 있고, 운전 중 사고가 날 수도 있으며, 갑작스러운 질병에 걸릴 수도 있습니다. 이러한 위험들로부터 우리를 보호해 주는 것이 바로 보험입니다. 하지만 여러분은 보험이 어떤 원리로 작동하는지 궁금해 본 적이 있나요? 보험의 기본 원리는 놀랍게도 확률론과 깊은 관련이 있습니다.

 보험이라는 개념이 처음 등장한 순간을 상상해보겠습니다. 옛날 어느 항구 마을에서 어부 열 명이 각자 배를 한 척씩 가지고 있었습니다. 바다는 언제나 위험했고, 폭풍으로 인해 일 년에 한 척 정도의 배가 침몰했습니다. 어떤 어부의 배가 침몰할지는 아무도 예측할 수 없었지만, 전체적으로 보면 매년 한 척씩은 잃는다는 패턴이 있었습니다. 그래서 어부들은 생각했습니다. "우리가 각자 배값의 10분의 1씩 모으면, 배를 잃은 어부에게 새 배를 사줄 수 있지 않을까?" 이것이 바로 보험의 핵심 아이디어입니다.

보험의 역사는 인류 문명만큼이나 오래되었습니다. 고대 바빌로니아에서는 상인들이 대출을 받을 때 선박이 침몰하면 대출금을 탕감해주는 일종의 해상보험이 있었다고 합니다. 이는 당시 해상 무역의 위험성을 고려한 지혜로운 방책이었습니다. 함무라비 법전에는 이미 기원전 1750년경 이런 내용이 기록되어 있었습니다. 상인들은 이를 통해 보다 안심하고 무역을 할 수 있었고, 이는 경제 발전에도 큰 도움이 되었습니다.

하지만 근대적 의미의 보험이 탄생한 것은 17세기 영국에서였습니다. 당시 런던의 에드워드 로이드 커피하우스Edward Lloyd's Coffee House에 모인 상인들이 서로의 선박과 화물에 대한 위험을 공동으로 부담하기로 한 것이 오늘날 보험의 시초가 되었습니다. 이 커피하우스는 나중에 세계적인 보험회사인 로이즈 오브 런던Lloyd's of London의 전신이 되었습니다. 상인들은 자신의 선박이나 화물에 대해 일정 금액을 지불하고, 만약 사고가 났을 때 보상을 받는 계약을 맺었습니다. 이는 오늘날 우리가 알고 있는 보험의 기본 구조와 매우 유사합니다. 흥미롭게도, 이 커피하우스에서는 단순히 보험 계약만 이루어진 것이 아니었습니다. 상인들은 각종 정보를 교환했고, 특히 선박의 움직임에 대한 소식을 공유했습니다. "어느 배가 언제 어느 항구를 떠났다", "폭풍이 어디서 일어났다" 같은 정보들이 보험료 산정에 직접적인 영향을 미쳤기 때문입니다. 이런 정보 수집과 분석은 현대 보험회사의 위험 평가 시스템의 원형이라고 할 수 있습니다.

보험의 기본 원리는 '위험의 분산'입니다. 많은 사람들이 조금씩 돈을 모아 공동의 자금을 만들고, 불행한 일을 당한 사람에게 그 자금에서 보상금을 지급하는 것입니다. 이것이 가능한 이유는 바로 앞서 살펴본 큰 수의 법칙 Law of Large Numbers 때문입니다. 이 원리를 보험에 적용해보면, 한 개인에게 사고가 날 확률은 예측하기 어렵지만, 큰 집단을 대상으로 하면 사고 발생 빈도를 꽤 정확하게 예측할 수 있다는 것입니다. 예를 들어, 30세 건강한 남성 한 명이 내년에 교통사고를 당할지는 정확히 알 수 없지만, 같은 조건의 100만 명 중 몇 명이 교통사고를 당할지는 과거의 통계를 바탕으로 꽤 정확하게 예측할 수 있습니다.

국내 통계를 예로 들어보겠습니다. 2022년 한국의 교통사고 발생 건수는 약 20만 건이고, 전체 운전면허 소지자는 약 3300만 명입니다. 이를 바탕으로 계산하면 운전면허 소지자 한 명이 1년 내에 교통사고를 당할 확률은 대략 0.6% 정도입니다. 물론 이는 매우 대략적인 계산이고, 실제로는 나이, 성별, 운전 경력, 주행 거리 등을 고려해서 더 정밀하게 계산해야 합니다. 하지만 중요한 점은 개별적으로는 예측하기 어려운 사건도 집단 차원에서는 일정한 패턴을 보인다는 것입니다. 이러한 예측을 바탕으로 보험회사는 적절한 보험료를 책정하고, 필요한 보상금을 준비할 수 있게 됩니다. 만약 100만 명의 고객이 있고 그 중 0.6%인 6000명이 사고를 당할 것으로 예상된다면, 보험회사는 평균 보상금액에 6000을 곱한 만큼의 자금을 준비해야 합니다. 그리고 이 비용을 100만 명의 보험료에 나누어 부담하게 하는 것입니다.

이러한 원리를 수학적으로 정립한 사람이 바로 영국의 천문학자 에드먼드 핼리Edmond Halley입니다. 여러분은 핼리를 76년마다 지구에 접근하는 혜성의 주기를 예측한 과학자로 알고 계실 겁니다. 하지만 그는 1693년에 '생명표Life Table'라는 획기적인 연구를 발표했습니다. 핼리는 독일 브레슬라우Breslau 시의 출생과 사망 기록을 분석하여, 각 연령대별로 1년 내에 사망할 확률을 계산했습니다. 이것이 바로 최초의 과학적인 생명표입니다. 그는 5년 간의 사망 기록을 분석해서 각 나이별로 사망자 수를 정리했습니다. 예를 들어, 1000명이 태어났을 때 1년 후에는 몇 명이 살아있을지, 10년 후에는 몇 명이 살아있을지를 계산할 수 있었습니다. 더 나아가 현재 30세인 사람이 40세까지 살 확률, 50세까지 살 확률도 계산할 수 있었습니다.

핼리의 생명표에 따르면, 태어난 아이 1000명 중 1년 후에는 855명이 살아있고, 10년 후에는 732명, 20년 후에는 653명이 살아있을 것으로 예측되었습니다. 이런 데이터를 바탕으로 보험회사들은 각 연령대별로 적정한 보험료를 계산할 수 있게 되었습니다. 예를 들어, 20세의 건강한 사람과 60세의 만성질환자의 기대수명이 다르므로, 이들에게 같은 보험료를 책정하는 것은 공평하지 않습니다. 생명표를 이용하면 각자의 위험도에 맞는 공정한 보험료를 산출할 수 있게 됩니다.

현대적 관점에서 보면 핼리의 생명표는 다음과 같은 확률 계산의 기초가 되었습니다. 현재 x세인 사람이 t년 후에도 살아 있을 확률을 $P(x,t)$라고 하면, 이 확률을 바탕으로 생명보험의 기댓값을 계산할 수 있습니다. 예를 들어, 30세 남성이 1억원의 20년 정기보험에 가입한다면, 보험회사가 지급해야 할 보험금의 기댓값은 각 연도별 사망확률과 1억원을 곱해서 모두 더한 값이 됩니다. 이 기댓값에 보험회사의 운영비용과 적정 이윤을 더해서 보험료가 결정됩니다.

보험 산업이 발전함에 따라 더욱 정교한 확률 모델들이 개발되었습니다. 특히 20세기에 들어서면서 컴퓨터의 발달로 인해 복잡한 확률 계산이 가능해졌고, 이는 보험 산업에 큰 변화를 가져왔습니다. 현대의 보험회사들은 빅데이터와 인공지능을 활용하여 개인별 맞춤형 위험 평가를 하고 있습니다. 자동차 보험을 예로 들면, 과거에는 단순히 운전자의 나이, 성별, 차종 정도만 고려했습니다. 하지만 현재는 운전 경력, 과거 사고 이력, 연간 주행 거리, 주차 장소, 심지어는 신용등급까지 고려합니다. 일부 보험회사는 텔레매틱스Telematics 서비스를 통해 실제 운전 습관을 분석하기도 합니다. 급가속, 급정거, 과속, 야간 운전 빈도 등을 실시간으로 모니터링해서 개인별 위험도를 평가하는 것입니다.

이러한 정교한 위험 평가는 보험회사에게는 더 정확한 보험료 책정을 가능하게 하고, 소비자에게는 자신의 위험도에 맞는 공정한 보험료를 지불할 수 있게 해줍니다. 하지만 이는 동시에 개인정보 보호와 관련된 윤리적 문제를 야기할 수 있습니다. 예를 들어, 보험회사가 개인의 모든 행동을 추적하고 분석하는 것이 과연 바람직한가에 대한 논란이 있을 수 있습니다. 또한 위험도가 높은 사람들이 보험 혜택에서 배제될 가능성도 있습니다.

리스크 관리에서도 확률 모델은 중요한 역할을 합니다. 기업들은 다양한 위험에 노출되어 있습니다. 예를 들어, 환율 변동, 원자재 가격 변동, 자연재해 등이 있습니다. 이러한 위험들을 효과적으로 관리하기 위해 기업들은 '밸류 앳 리스크(Value at Risk, VaR)'라는 확률적 지표를 사용합니다. VaR은 주어진 신뢰수준에서 일정 기간 동안 발생할 수 있는 최대 손실액을 나타냅니다.

VaR을 쉽게 이해하기 위해 간단한 예를 들어보겠습니다. 여러분이 주식에 1000만원을 투자했다고 가정해봅시다. 과거 데이터를 분석한 결과, 이 주식은 하루에 평균 0.1% 오르지만, 때로는 크게 떨어지기도 합니다. 통계 분석 결과, 100일

중 99일은 100만원 이상의 손실이 발생하지 않는다는 것을 알았습니다. 이때 "1일 VaR이 100만원(신뢰수준 99%)"라고 표현합니다. 이는 "내일 100만원 이상의 손실을 볼 확률은 1% 미만"이라는 의미입니다.

 VaR은 복잡한 금융 상품이나 포트폴리오의 위험을 단일 숫자로 표현할 수 있다는 장점이 있습니다. 이를 통해 기업의 경영진이나 투자자들은 위험을 쉽게 이해하고 비교할 수 있게 됩니다. 하지만 VaR에도 한계가 있습니다. VaR은 "일반적인" 상황에서의 위험은 잘 측정하지만, 극단적인 사건(일명 '블랙 스완 Black Swan')의 영향을 과소평가할 수 있습니다. 2008년 금융 위기 당시 많은 금융 기관들이 VaR에 과도하게 의존했다가 큰 손실을 입은 바 있습니다. 리먼 브라더스 Lehman Brothers의 경우, 위기 직전까지도 VaR 기준으로는 안전해 보였지만 결국 파산하고 말았습니다.

 이런 한계를 보완하기 위해 '스트레스 테스트 Stress Test'나 '시나리오 분석' 같은 추가적인 위험 관리 기법들이 개발되었습니다. 스트레스 테스트는 극단적인 상황(예: 규모 7.0 이상의 대지진 발생, 코로나19 같은 팬데믹 상황, 대형 항공기 사고 등)이 발생했을 때의 보험금 지급 규모를 계산하는 방법입니다. 이를 통해 VaR로는 포착하기 어려운 극단적 위험을 평가할 수 있습니다.

재해 보험은 확률론이 적용되는 또 다른 흥미로운 분야입니다. 지진, 홍수, 허리케인과 같은 자연재해는 발생 빈도는 낮지만 한 번 발생하면 엄청난 피해를 줍니다. 이런 극단적 사건의 확률을 정확히 예측하는 것은 매우 어렵습니다. 보험회사들은 이를 위해 '극단값 이론Extreme Value Theory'이라는 특수한 확률 이론을 사용합니다. 이 이론은 아주 드물게 발생하는 극단적인 사건의 확률을 모델링하는 데 사용됩니다.

예를 들어, 대부분의 지진은 작거나 중간 규모이지만, 아주 가끔 대규모 지진이 발생합니다. 이런 대규모 지진의 발생 패턴은 일반적인 확률 분포로는 제대로 모델링할 수 없습니다. 극단값 이론은 이런 "꼬리가 두꺼운heavy-tailed" 분포를 다루기 위해 개발된 이론입니다. 극단값 이론은 일반적인 확률 분포와는 다른 특성을 가진 분포를 사용합니다. 예를 들어, 정규분포는 중간값 주변에 대부분의 데이터가 몰려있는 반면, 극단값 분포는 꼬리가 두꺼운 특성을 가집니다. 이는 극단적인 사건이 일반적인 예측보다 더 자주 일어날 수 있음을 의미합니다. 이러한 이론을 통해 보험회사들은 대규모 자연재해에 대비한 적절한 보험료와 준비금을 산정할 수 있게 됩니다.

건강보험에서도 통계적 접근 방법이 광범위하게 사용됩니다. 예를 들어, 특정 질병의 발병 확률, 치료 성공률, 입원 기간 등을 예측하는 데 확률 모델이 활용됩니다. 국민건강보험 시스템도 이런 통계적 분석을 바탕으로 운영됩니다. 전체 국민의 의료 이용 데이터를 분석하면, 특정 연령대에서 특정 질병의 발생률을 정확히 계산할 수 있습니다. 가령, 50대 남성의 당뇨병 발병률, 60대 여성의 골다공증 발병률 등을 알 수 있습니다. 이런 데이터를 바탕으로 건강보험료와 급여 범위를 결정할 수 있습니다.

최근에는 유전자 검사 기술의 발달로 인해 개인의 유전정보를 바탕으로 한 맞춤형 건강보험 상품도 등장하고 있습니다. 이는 윤리적인 문제를 야기할 수 있어 많은 논란이 있지만, 확률론적 관점에서 보면 매우 정확한 위험 평가가 가능해진다는 장점이 있습니다.

유전자 정보를 활용한 건강보험은 개인의 유전적 특성에 따른 질병 발생 위험을 더 정확하게 예측할 수 있게 해줍니다. 예를 들어, 특정 유전자 변이가 있는 사람이 특정 암에 걸릴 확률이 높다면, 이 정보를 바탕으로 더 적절한 보험 상품을 제공할 수 있습니다. 하지만 이는 동시에 유전적 차별의 문제를 야기할 수 있습니다. 유전자 때문에 보험 가입이 거부되거나 높은 보험료를 내야 하는 상황이 발생할 수 있기 때문입니다. 이런 문제에 대응하기 위해 많은 국가에서는 '유전자 차별 금지법'을 제정하고 있습니다. 미국의 경우 2008년 GINA(Genetic Information Nondiscrimination Act)를 제정하여 유전정보를 이유로 한 건강보험 차별을 금지했습니다. 한국에서도 이런 법적 보호 장치의 필요성이 논의되고 있습니다.

보험과 확률론의 관계는 앞으로도 계속 발전할 것입니다. 인공지능과 빅데이터 기술의 발달로 더욱 정교한 위험 평가와 보험료 책정이 가능해질 것입니다. 예를 들어, 웨어러블 기기를 통해 실시간으로 수집되는 건강 데이터를 바탕으로 개인의 건강 상태를 더욱 정확하게 파악하고, 이에 따라 보험료를 조정하는 '실시간 건강보험' 같은 상품이 등장할 수 있습니다. 현재 일부 보험회사에서는 이미 이런 서비스를 시범적으로 운영하고 있습니다. 스마트워치와 같은 웨어러블 기기를 통해 걸음 수, 심박수, 수면 패턴 등을 모니터링하고, 건강한 생활을 유지하는 고객에게는 보험료 할인 혜택을 주는 방식입니다. 앞으로는 이런 실시간 건강 모니터링이 더욱 정교해져서, 개인의 건강 상태 변화에 따라 보험료가 동적으로 조정될 수도 있을 것입니다.

 또한 기후변화로 인한 새로운 형태의 위험들도 등장하고 있어, 이에 대응하기 위한 새로운 확률 모델들이 개발될 것입니다. 예를 들어, 해수면 상승으로 인한 연안 지역의 침수 위험이나, 이상기후로 인한 농작물 피해 등 새로운 형태의 위험에 대한 보험 상품이 필요해질 것입니다. 기후변화는 기존의 재해 보험 모델에 큰 도전을 주고 있습니다. 과거 100년간의 데이터를 바탕으로 만든 모델이 미래에도 유용할지 의문이 제기되고 있기 때문입니다. 과거에는 100년에 한 번 올 법한 홍수가 이제는 30년에 한 번씩 올 수도 있습니다. 이런 변화를 반영하기 위해서는 기존의 확률 모델을 넘어서는 새로운 접근법이 필요할 것입니다.

하지만 이러한 발전에는 주의가 필요합니다. 너무 정교한 위험 평가는 보험의 기본 취지인 '위험의 분산'을 해칠 수 있기 때문입니다. 예를 들어, 유전자 검사를 통해 특정 질병에 걸릴 확률이 높은 사람들에게 높은 보험료를 책정하거나 아예 보험 가입을 거부한다면, 그들은 보험의 혜택을 받지 못하게 됩니다. 이는 보험의 사회적 기능을 약화시킬 수 있습니다.

따라서 앞으로의 과제는 정확한 위험 평가와 사회적 연대성 사이의 균형을 찾는 것이 될 것입니다. 확률론을 통한 정교한 위험 평가는 보험 산업의 효율성을 높이고 개인에게 맞춤형 서비스를 제공할 수 있게 해주지만, 동시에 보험의 본질적인 목적인 '위험의 공유'를 해치지 않도록 주의해야 합니다.

결론적으로, 보험은 우리 일상에서 매우 중요한 역할을 하고 있으며, 그 근간에는 확률론이라는 수학적 원리가 자리 잡고 있습니다. 에드먼드 핼리의 생명표에서 시작하여 현대의 복잡한 리스크 모델에 이르기까지, 확률론은 보험 산업의 발전을 이끌어왔습니다. 앞으로도 새로운 기술과 이론의 발전에 따라 보험과 확률론의 관계는 더욱 긴밀해질 것입니다. 우리가 일상에서 마주치는 다양한 위험들을 어떻게 수학적으로 분석하고 관리할 수 있는지, 그리고 이를 통해 어떻게 더 안전하고 풍요로운 사회를 만들어갈 수 있는지 고민해보는 것은 매우 가치 있는 일일 것입니다. 확률론과 보험의 세계는 우리에게 불확실성을 이해하고 관리하는 방법을 가르쳐주며, 이는 현대 사회를 살아가는 데 필수적인 지식이 되고 있습니다.

 미래의 보험은 더욱 정교해지고 개인화될 것이지만, 동시에 사회적 연대라는 보험의 근본 가치를 잃지 않아야 할 것입니다. 기술의 발전이 모든 사람에게 혜택이 되도록 하고, 아무도 뒤처지지 않는 포용적인 보험 시스템을 만드는 것이 우리 모두의 과제입니다. 확률론의 힘을 빌려 더 공정하고 효율적인 위험 관리 시스템을 구축하되, 그 과정에서 인간의 존엄성과 사회적 연대를 잃지 않도록 하는 지혜가 필요한 시대입니다.

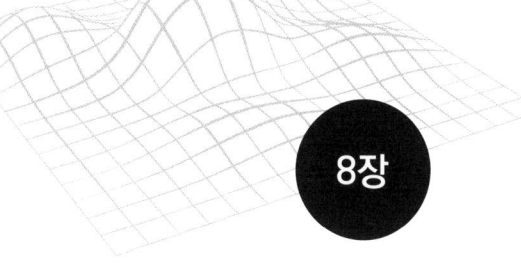

8장

주식시장의 확률 게임

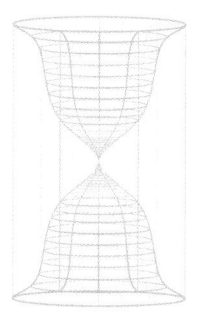

$Var(X) = E[X^2] - (E[X])^2$

주식시장의 확률 게임

 주식시장은 많은 사람들에게 매력적이면서도 동시에 두려움을 주는 곳입니다. 누군가는 여기서 큰 돈을 벌지만, 또 다른 이들은 모든 것을 잃기도 합니다. 그렇다면 주식시장은 정말 단순한 도박일까요? 아니면 그 안에 어떤 법칙이 숨이있을까요? 이 장에서는 주식시장을 확률의 관점에서 바라보며, 그 속에 숨겨진 수학적 원리들을 살펴보고자 합니다.

 2020년 초, 코로나19 팬데믹이 시작되면서 전 세계 주식시장이 급락했습니다. 한국의 코스피 지수는 3월 한 달 동안 30% 가까이 떨어졌습니다. 하지만 놀랍게도 몇 달 후 주식시장은 오히려 사상 최고치를 기록했습니다. 이런 극적인 변화는 도대체 어떻게 설명할 수 있을까요? 이는 주식시장이 얼마나 복잡하고 예측하기 어려운 시스템인지를 보여주는 대표적인 사례입니다.

주식시장을 이해하는 데 있어 가장 중요한 개념 중 하나는 '효율적 시장 가설Efficient Market Hypothesis'입니다. 이 가설은 1970년대 유진 파마Eugene Fama에 의해 제안되었는데, 간단히 말해 "시장은 항상 모든 정보를 반영한다"는 것입니다. 이는 마치 완벽한 카지노와 같아서, 장기적으로 봤을 때 누구도 시장을 이길 수 없다는 것을 의미합니다.

효율적 시장 가설을 좀 더 구체적으로 살펴보겠습니다. 2021년 현대자동차가 애플과 자율주행차 협력을 검토한다는 뉴스가 나왔을 때, 현대차 주가는 하루 만에 20% 이상 급등했습니다. 하지만 며칠 후 협력이 무산되었다는 소식이 전해지자 주가는 다시 원래 수준으로 돌아갔습니다. 이처럼 새로운 정보가 나오면 시장은 즉시 반응합니다. 효율적 시장 가설에 따르면, 주식 가격이 모든 공개된 정보를 즉시 반영한다는 것을 의미합니다. 예를 들어, 어떤 회사가 좋은 실적을 발표했다면, 그 정보는 순식간에 주가에 반영되어 오르게 됩니다. 반대로 나쁜 뉴스가 나오면 주가는 즉시 하락합니다. 이런 관점에서 보면, 주식 투자자들이 공개된 정보를 분석해서 '저평가된' 주식을 찾아내는 것은 불가능하다는 결론에 도달하게 됩니다.

그러나 이 가설이 정말로 맞을까요? 만약 정말로 모든 정보가 즉시 주가에 반영된다면, 워렌 버핏Warren Buffett과 같은 전설적인 투자자들이 수십 년간 시장을 이길 수 있었던 이유는 무엇일까요? 이런 의문점들이 효율적 시장 가설에 대한 많은 논쟁을 불러일으켰습니다. 이를 이해하기 위해서는 '확률 걷기 모델Random Walk Model'이라는 개념을 알아야 합니다. 이 모델은 주식 가격의 움직임이 무작위적이라고 가정합니다. 마치 술에 취한 사람이 비틀거리며 걸어가는 것처럼, 주식 가격도 예측 불가능하게 오르내린다는 것이죠.

이런 생각은 19세기 말 프랑스의 수학자 루이 바슐리에Louis Bachelier로부터 시작되었습니다. 바슐리에는 파리 증권거래소에서 일하면서 주식 가격의 움직임에 관심을 가졌습니다. 그는 1900년에 발표한 박사 논문에서 주식 가격의 변동을 수학적으로 모델링하려고 시도했는데, 이것이 바로 '브라운 운동Brownian Motion' 이론의 시초가 되었습니다. 브라운 운동이란 원래 1827년 식물학자 로버트 브라운Robert Brown이 발견한 현상으로, 물에 떠 있는 꽃가루가 불규칙하게 움직이는 것을 말합니다. 현미경으로 관찰해보면 꽃가루는 지그재그로 움직이며, 그 움직임은 완전히 무작위적입니다. 바슐리에는 주식 가격도 이와 비슷하게 움직인다고 생각했습니다.

브라운 운동을 더 자세히 설명하자면, 이는 연속적이고 무작위적인 움직임을 말합니다. 물 속의 꽃가루가 불규칙하게 움직이는 이유는 눈에 보이지 않는 수많은 물 분자들이 꽃가루에 끊임없이 부딪히기 때문입니다. 각각의 충돌은 미미하지만, 수많은 충돌이 모여서 꽃가루의 전체적인 움직임을 결정합니다. 주식 가격에 적용하면, 현재 가격은 알 수 있지만 미래의 가격은 현재 가격에서 무작위로 변할 수 있다는 것을 의미합니다. 수많은 투자자들의 매수와 매도 주문이 마치 물 분자의 충돌처럼 주가에 영향을 미칩니다. 개별 거래는 작은 영향만 미치지만, 수만 건의 거래가 모여서 주가의 전체적인 움직임을 만들어냅니다.

이는 마치 동전 던지기를 연속해서 하는 것과 비슷합니다. 각 시점에서 가격이 오를 확률과 내릴 확률이 50:50이라고 가정하면, 장기적으로 봤을 때 가격의 움직임은 무작위적인 패턴을 보이게 됩니다. 하지만 실제 주식시장에서는 상황이 조금 더 복잡합니다. 가격이 오를 확률과 내릴 확률이 정확히 50:50은 아니며, 시간에 따라 변할 수도 있습니다.

이런 생각은 당시에는 크게 주목받지 못했지만, 후에 물리학자 알베르트 아인슈타인Albert Einstein이 비슷한 이론을 독립적으로 발전시키면서 다시 조명받게 되었습니다. 아인슈타인의 1905년 연구는 분자의 운동을 설명하는 데 초점을 맞췄지만, 그 수학적 기초는 바슐리에의 주식 가격 모델과 놀랍도록 유사했습니다. 이는 서로 다른 분야의 현상들이 같은 수학적 구조를 가질 수 있다는 흥미로운 사실을 보여줍니다.

그렇다면 주식 가격이 정말로 무작위로 움직인다면, 투자자들은 어떻게 해야 할까요? 이에 대한 해답을 제시한 사람이 바로 해리 마코위츠Harry Markowitz입니다. 마코위츠는 1952년에 '현대 포트폴리오 이론Modern Portfolio Theory'을 발표했는데, 이는 투자의 세계에 혁명을 일으켰습니다. 그의 핵심 아이디어는 '분산 투자'였습니다.

마코위츠 이전에는 대부분의 투자자들이 단순히 가장 높은 수익률을 기대할 수 있는 주식을 찾으려고 했습니다. 하지만 마코위츠는 투자자들이 높은 수익률만을 추구하는 것이 아니라, 리스크도 함께 고려해야 한다고 주장했습니다. 그는 수학적 모델을 통해, 서로 다른 주식들을 적절히 조합하면 전체적인 리스크를 줄이면서도 좋은 수익률을 얻을 수 있다는 것을 보여주었습니다.

A주식은 경기가 좋을 때 20% 오르지만 경기가 나쁠 때 10% 떨어집니다. B주식은 경기가 좋을 때 10% 떨어지지만 경기가 나쁠 때 15% 오릅니다. 각각의 주식만 보면 변동성이 크지만, 두 주식을 반반씩 섞어서 투자하면 경기 상황에 관계없이 안정적인 수익을 얻을 수 있습니다. 이것이 바로 "계란을 한 바구니에 담지 말라"는 속담을 수학적으로 증명한 것입니다.

현대 포트폴리오 이론의 핵심은 '효율적 프론티어Efficient Frontier'라는 개념입니다. 이는 주어진 리스크 수준에서 최대의 기대 수익률을 제공하는 포트폴리오들의 집합을 말합니다. 마코위츠는 각 주식의 기대 수익률, 표준편차(리스크의 측정치), 그리고 주식들 간의 상관관계를 고려하여 이 효율적 프론티어를 계산하는 방법을 제시했습니다.

효율적 프론티어 (Efficient Frontier)

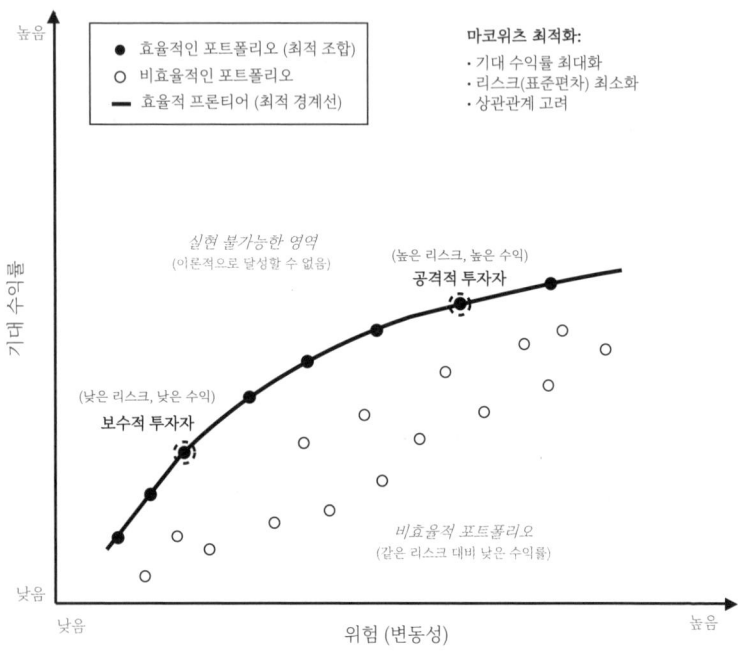

효율적 프론티어를 그래프로 그려보면 위로 볼록한 곡선 모양이 나타납니다. 이 곡선 위의 점들은 모두 효율적인 포트폴리오들을 나타냅니다. 곡선 아래 영역은 리스크 대비 수익률이 낮은 비효율적인 포트폴리오들이고, 곡선의 위쪽 전체는 실현 불가능한 영역입니다. 투자자들은 자신의 리스크 선호도에 맞는 곡선 위의 점을 선택할 수 있게 되었습니다. 예를 들어, 보수적인 투자자는 곡선의 왼쪽 부분(낮은 리스크, 낮은 수익률)을 선택할 것이고, 공격적인 투자자는 곡선의 오른쪽 부분(높은 리스크, 높은 수익률)을 선택할 것입니다. 중요한 것은 어떤 선택을 하든 그 리스크 수준에서 최대한의 수익률을 얻을 수 있다는 점입니다.

마코위츠의 이론은 투자 세계에 큰 영향을 미쳤지만, 여전히 한 가지 중요한 문제가 남아있었습니다. 바로 옵션과 같은 파생상품의 가격을 어떻게 결정할 것인가 하는 문제였습니다. 이 문제에 대한 해답을 제시한 것이 피셔 블랙Fischer Black, 마이런 숄즈Myron Scholes, 로버트 머튼Robert Merton이었습니다.

옵션이란 특정 날짜에 특정 가격으로 주식을 사거나 팔 수 있는 권리를 말합니다. 예를 들어, 현재 삼성전자 주가가 7만원인데, 3개월 후에 8만원에 살 수 있는 권리(콜 옵션)가 있다고 가정해봅시다. 만약 3개월 후 주가가 9만원이 된다면 이 권리는 1만원의 가치가 있습니다(9만원에 팔 수 있는 주식을 8만원에 살 수 있으니까요). 하지만 주가가 7만원이라면 이 권리는 가치가 없습니다. 문제는 현재 이 옵션의 '공정한' 가격이 얼마인가 하는 것이었습니다. 이들은 1973년에 옵션 가격 결정 모델을 발표했는데, 이는 후에 '블랙-숄즈 방정식Black-Scholes Equation'으로 알려지게 되었습니다.

블랙-숄즈 방정식이 혁신적이었던 이유는 옵션의 가격을 미래 주가 예측 없이도 계산할 수 있게 해주었기 때문입니다.

이 모델은 주식 가격의 변동성, 무위험 이자율, 옵션의 만기 등을 고려하여 옵션의 '공정한' 가격을 계산할 수 있게 해주었습니다. 이 방정식의 핵심은 주식 가격이 대수정규분포Log-Normal Distribution를 따른다는 가정이었는데, 이는 바로 바슐리에와 아인슈타인의 브라운 운동 이론에 기반을 둔 것이었습니다.

대수정규분포는 주식 가격의 특성을 잘 반영하는 확률 분포입니다. 일반적인 정규분포(평균 주변에 종 모양으로 분포하는 패턴)와 달리 대수정규분포는 항상 양수값만 가질 수 있어서, 주식 가격이 절대 음수가 될 수 없다는 현실을 반영합니다. 또한 이 분포는 오른쪽으로 치우친 모양을 가지는데, 이는 주식 가격이 보통은 작은 폭으로 변하지만 가끔 큰 폭으로 상승할 수 있다는 특성을 나타냅니다. 마치 대부분의 사람의 소득이 평균 근처에 있지만, 소수의 사람이 매우 높은 소득을 갖는 것과 비슷한 패턴입니다. 무엇보다 대수정규분포는 주식 가격이 퍼센트 단위로 변한다는 특성을 잘 모델링합니다. 주식이 10% 오르거나 10% 내리는 것이 절댓값 변화보다 더 의미가 있기 때문입니다. 이런 확률적 가격 변동 모델을 바탕으로 블랙과 숄즈는 옵션 가격 결정의 핵심 원리를 발견했습니다.

블랙-숄즈 방정식은 매우 복잡해 보이지만, 그 기본 아이디어는 상대적으로 단순합니다. 이 방정식은 옵션의 가치 변화를 주식 가격의 변화와 정확히 상쇄시키는 방법을 제시합니다. 핵심은 '델타 헤징Delta Hedging'이라는 개념입니다. 옵션의 가치는 기초 자산(주식)의 가격 변동에 따라 계속 변합니다. 만약 주식과 옵션을 적절한 비율로 조합하면, 주식 가격이 오르내리더라도 전체 포트폴리오의 가치는 변하지 않게 만들 수 있습니다. 예를 들어, 주가가 1% 오를 때 옵션 가격이 0.5% 오른다면, 옵션 1개를 팔고 주식 0.5주를 사면 주가 변동의 영향을 상쇄할 수 있습니다. 이런 식으로 리스크 없는 포트폴리오를 만들 수 있다면, 이 포트폴리오의 수익률은 무위험 이자율과 같아야 합니다. 이 논리를 수학적으로 정교하게 발전시킨 것이 블랙-숄즈 방정식입니다. 이를 통해 리스크 없이 이익을 얻을 수 있는 기회, 즉 '차익거래 기회'가 없는 상태에서의 옵션 가격을 계산할 수 있게 됩니다.

블랙-숄즈 방정식은 금융계에 엄청난 영향을 미쳤습니다. 이 모델 덕분에 복잡한 금융 상품들의 가격을 쉽게 계산할 수 있게 되었고, 이는 파생상품 시장의 폭발적인 성장으로 이어졌습니다. 1973년 시카고 옵션 거래소가 개장했을 때 하루 거래량은 몇 백 계약에 불과했지만, 현재는 수백만 계약이 거래되고 있습니다. 숄즈와 머튼은 이 업적으로 1997년 노벨 경제학상을 수상했습니다(블랙은 불행히도 이미 세상을 떠난 후였습니다). 하지만 아이러니하게도, 같은 해에 블랙-숄즈 모델을 기반으로 운영되던 대형 헤지펀드 LTCM(Long-Term

Capital Management)이 파산 위기에 처하는 사건이 발생했습니다. 이는 수학적 모델의 한계를 보여주는 상징적인 사건이었습니다.

 이런 수학적 모델들이 항상 현실을 정확히 반영하는 것은 아닙니다. 2008년 글로벌 금융위기는 이런 모델들의 한계를 극명하게 보여주었습니다. 당시 많은 금융기관들이 복잡한 수학적 모델을 맹신한 나머지, 실제 시장의 위험을 과소평가했던 것입니다. 2008년 금융위기의 원인 중 하나는 서브프라임 모기지였습니다. 은행들은 신용도가 낮은 사람들에게도 주택 담보 대출을 해주었고, 이런 대출들을 묶어서 복잡한 증권으로 만들었습니다. 신용평가기관들은 정교한 수학적 모델을 사용해서 이런 증권들에 높은 등급을 매겼지만, 실제로는 매우 위험한 상품이었습니다. 주택 가격이 계속 오를 것이라는 가정이 무너지자 전체 시스템이 붕괴했습니다.

 이 사건은 '극단적 사건'의 중요성을 다시 한번 일깨워주었습니다. 나심 니콜라스 탈레브Nassim Nicholas Taleb가 주장한 '블랙 스완Black Swan' 이론이 바로 이런 극단적 사건을 다룹니다. 블랙 스완이란 아주 드물지만 엄청난 영향을 미치는 예측 불가능한 사건을 말합니다. 탈레브는 이런 사건들이 우리가 생각하는 것보다 훨씬 자주 일어나며, 따라서 우리의 확률 모델은 이를 제대로 반영하지 못하고 있다고 주장했습니다. 2008년 금융위기, 2001년 9.11 테러, 2020년 코로나19 팬데믹 등이 모두 블랙 스완 사건의 예입니다. 이런 사건들은 발생 확률은 매우 낮지만, 일단 발생하면 전 세계에 엄청난 영향을 미칩니다.

블랙 스완 이론은 우리가 흔히 사용하는 정규분포(가우스 분포)가 실제 세계의 많은 현상들을 제대로 설명하지 못한다는 점을 지적합니다. 정규분포는 극단적인 사건들이 매우 드물게 일어난다고 가정하지만, 실제로는 그렇지 않다는 것입니다. 예를 들어, 정규분포를 가정하면 주식시장이 하루에 5% 이상 떨어질 확률은 매우 낮습니다. 하지만 실제로는 이런 급락이 정규분포가 예측하는 것보다 훨씬 자주 발생합니다. 1987년 10월 19일 블랙 먼데이에는 다우지수가 하루에 22% 폭락했는데, 정규분포로는 이런 일이 일어날 확률이 사실상 0에 가깝습니다.

그렇다면 이런 상황에서 우리는 어떻게 해야 할까요? 한 가지 대안은 '로버스트 최적화Robust Optimization'라는 접근법입니다. 이는 최악의 시나리오를 가정하고 그에 대비하는 전략을 세우는 것입니다. 전통적인 최적화가 "가장 좋은 경우"를 가정한다면, 로버스트 최적화는 "가장 나쁜 경우"도 고려합니다. 예를 들어, 주식 포트폴리오를 구성할 때 평균 수익률을 최대화하는 것이 아니라, 최악의 상황에서도 견딜 수 있는 포트폴리오를 만드는 것입니다. 이는 보험에 가입하는 것과 비슷한 개념입니다. 보험료를 내는 것은 평균적으로는 손해이지만, 큰 사고가 났을 때의 손실을 줄일 수 있습니다.

 로버스트 최적화는 불확실성을 명시적으로 고려합니다. 전통적인 포트폴리오 이론이 과거 데이터를 바탕으로 미래를 예측하려고 한다면, 로버스트 최적화는 미래에 대한 우리의 지식이 불완전하다는 것을 인정하고 시작합니다. 이 방법은 여러 가능한 시나리오를 고려하여, 그 중 최악의 경우에도 견딜 수 있는 포트폴리오를 구성하려고 합니다. 전통적인 방법으로는 A주식의 기대 수익률이 10%, B주식이 8%라면 A주식에 더 많이 투자할 것입니다. 하지만 로버스트 최적화에서는 "만약 A주식의 실제 수익률이 기대치보다 크게 낮다면?"이라는 질문을 던집니다. 이런 경우를 대비해서 B주식에도 적절히 분산 투자하는 것이 더 안전할 수 있습니다.

 또 다른 접근법은 '행동 재무학Behavioral Finance'입니다. 이는 인간의 심리적 요인을 고려하여 금융 현상을 설명하려는 시도입니다. 전통적인 금융 이론은 투자자들이 항상 합리적으로 행동한다고 가정하지만, 실제로는 그렇지 않다는 것이 여러 연구를 통해 밝혀졌습니다. 사람들은 종종 손실을 과도하게 두려워하거나(손실 회피), 최근의 사건에 지나치게 큰 가중치를 둡니다(가용성 편향). 또한 자신의 능력을 과대평가하는 경향(과신)도 있습니다. 이런 심리적 요인들은 전통적인 금융 이론으로는 설명하기 어려운 시장의 '이상 현상'들을 설명하는 데 도움을 줍니다.

행동 재무학은 다니엘 카너먼Daniel Kahneman과 아모스 트버스키Amos Tversky의 연구에 크게 기반을 두고 있습니다. 이들은 사람들이 불확실한 상황에서 어떻게 의사결정을 하는지 연구했고, 그 결과 우리가 항상 합리적으로 행동하지 않는다는 것을 밝혀냈습니다. 예를 들어, '전망 이론Prospect Theory'은 사람들이 이득과 손실을 대칭적으로 평가하지 않으며, 같은 크기의 이득보다 손실에 더 민감하게 반응한다는 것을 보여줍니다. 100만원을 잃는 고통이 100만원을 얻는 기쁨보다 약 2배 정도 크다고 알려져 있습니다. 이는 왜 많은 투자자들이 손실이 난 주식을 너무 오래 붙들고 있는지를 설명해줍니다.

또한 사람들은 확률을 왜곡해서 인식하는 경향이 있습니다. 매우 낮은 확률은 실제보다 높게 인식하고(로또 복권을 사는 이유), 높은 확률은 실제보다 낮게 인식합니다(보험에 가입하지 않는 이유). 이런 확률 왜곡은 주식시장에서도 다양한 이상 현상을 만들어냅니다.

이런 심리적 요인들은 주식 시장에서 다양한 '이상 현상'을 설명하는 데 도움을 줍니다. 예를 들어, '처분 효과Disposition Effect'는 투자자들이 이익이 난 주식은 빨리 팔고 손실이 난 주식은 오래 보유하는 경향을 말합니다. 이는 손실 회피 성향으로 설명될 수 있습니다. 손실을 확정하는 것을 피하고 싶어 하는 심리 때문에 손실이 난 주식을 계속 붙들고 있는 것입니다. '과신Overconfidence' 현상도 흥미롭습니다. 많은 투자자들이 자신의 능력을 과대평가하여 지나치게 위험한 투자를 하거나, 너무 자주 매매를 합니다. 연구에 따르면 매매를 자주 하는 투자자일수록 수익률이 낮은 경향이 있습니다. 이는 거래비용 때문이기도 하지만, 시장 타이밍을 맞추는 것이 생각보다 어렵기 때문이기도 합니다.

'군집 행동Herding Behavior'도 중요한 현상입니다. 사람들은 다른 사람들이 하는 것을 따라 하는 경향이 있습니다. 주식시장에서는 이것이 버블이나 패닉을 만들어낼 수 있습니다. 1990년대 말 닷컴 버블이나 2017년 비트코인 광풍 등이 대표적인 예입니다. 모든 사람이 사면 나도 사고, 모든 사람이 팔면 나도 팔게 되는 것입니다. 한국 주식시장에서도 이런 현상들을 쉽게 관찰할 수 있습니다. 2021년 개인투자자들의 '동학개미 운동'이 대표적인 예입니다. 코로나19로 주식이 폭락하자 많은 개인투자자들이 "지금이 기회"라며 주식을 대량 매수했습니다. 이는 합리적인 판단이었을 수도 있지만, 군집 행동의 성격도 강했습니다.

 미래의 주식시장은 어떤 모습일까요? 인공지능과 빅데이터의 발전으로 더욱 정교한 예측 모델이 등장할 것입니다. 머신러닝 알고리즘은 이미 주식 가격 예측, 리스크 관리, 포트폴리오 최적화 등 다양한 분야에서 활용되고 있습니다. 현재 월스트리트의 많은 헤지펀드들이 인공지능을 활용한 퀀트 투자Quantitative Investment를 하고 있습니다. 이들은 과거 데이터뿐만 아니라 뉴스 기사, 소셜미디어 글, 위성 이미지, 심지어 날씨 정보까지 분석해서 투자 결정을 내립니다. 예를 들어, 월마트 주차장의 자동차 수를 위성으로 세어서 매출을 예측하거나, 트위터의 감정 분석을 통해 시장 심리를 파악하는 식입니다.

인공지능의 장점은 인간보다 훨씬 많은 정보를 동시에 처리할 수 있고, 감정에 흔들리지 않는다는 점입니다. 하지만 동시에 새로운 형태의 금융 상품과 시장 구조로 인해 예측하기 어려운 상황들도 더 많이 생길 것입니다. 블록체인 기술을 기반으로 한 암호화폐 시장은 이미 전통적인 금융 이론으로는 설명하기 어려운 현상들을 보여주고 있습니다. 전통적인 자산과 달리 비트코인은 내재 가치를 계산하기 어렵습니다. 주식의 경우 회사의 실적이나 자산을 바탕으로 가치를 평가할 수 있고, 채권의 경우 이자율과 신용도를 고려할 수 있습니다. 하지만 비트코인의 가격은 순전히 수요와 공급, 그리고 사람들의 기대에 의해서만 결정됩니다. 더욱 흥미로운 것은 비트코인의 가격 변동성입니다. 2017년에는 하루에 20% 이상 오르거나 떨어지는 일이 빈번했습니다. 이런 극단적인 변동성은 전통적인 확률 모델로는 설명하기 어렵습니다.

또한, 고빈도 거래 High-Frequency Trading와 같은 기술의 발전은 시장의 역학을 근본적으로 변화시키고 있습니다. 초 단위 혹은 밀리초 단위로 이루어지는 이런 거래들은 시장의 유동성을 증가시키는 한편, 새로운 형태의 시장 불안정성을 야기할 수 있습니다. 고빈도 거래의 영향을 보여주는 대표적인 사건이 2010년 5월 6일에 발생한 '플래시 크래시Flash Crash'입니다. 이날 오후 2시 45분경 다우지수가 몇 분 만에 1000포인트 가까이 급락했다가 다시 회복되는 일이 일어났습니다. 이는 고빈도 거래 알고리즘들이 서로 반응하면서 만들어낸 현상으로 분석되었습니다.

이런 변화들은 주식시장이 점점 더 복잡해지고 있다는 것을 의미합니다. 전통적인 인간 투자자와 인공지능 시스템이 공존하고, 서로 다른 시간 스케일(밀리초부터 년 단위까지)에서 거래가 이루어지며, 전통적인 자산과 새로운 형태의 디지털 자산이 함께 거래되는 복합적인 시스템이 되고 있습니다.

금융시장은 간단한 확률 게임이 아닙니다. 그것은 수많은 사람들의 기대와 두려움, 희망과 공포가 복잡하게 얽혀 있는 거대한 시스템입니다. 우리는 확률론과 수학적 모델을 통해 이 복잡한 시스템을 이해해야 하지만, 동시에 그 모델의 한계도 항상 염두에 두어야 합니다. 그러나 바로 이런 불확실성과 복잡성이 주식시장을 매력적이고 흥미로운 연구 대상으로 만듭니다. 우리는 계속해서 새로운 모델을 개발하고, 더 나은 투자 전략을 찾아내려 노력할 것입니다. 동시에 우리는 항상 우리의 지식의 한계를 인식하고, 예상치 못한 사건에 대비할 필요가 있습니다. 이런 자세야말로 끊임없이 변화하는 시장 환경 속에서 장기적으로 성공할 수 있는 열쇠가 될 것입니다.

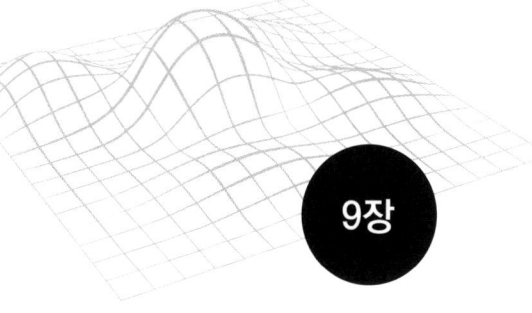

$E[aX+b] = a E[X] + b$

9장

선거 예측의 확률론

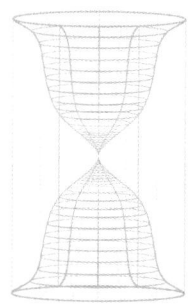

$Var(X) = E[X^2] - (E[X])^2$

선거 예측의
확률론

 선거는 현대 민주주의의 근간을 이루는 중요한 정치 과정입니다. 수백만 명의 유권자들이 참여하는 대규모 선거의 결과를 정확히 예측하는 것은 매우 어려운 일이지만, 통계학자들과 정치 분석가들은 확률론을 활용하여 이 난제에 도전해왔습니다. 이번 장에서는 선거 예측에 사용되는 확률론적 방법들을 자세히 살펴보고, 이들이 어떻게 현대 정치 분석에 적용되는지 알아보겠습니다.

 여론 조사는 선거 예측의 가장 기본적인 방법입니다. 하지만 전체 유권자의 의견을 모두 조사하는 것은 현실적으로 불가능하기 때문에, 통계학자들은 표본 추출이라는 방법을 사용합니다. 표본 추출이란 전체 모집단에서 일부를 골라내어 조사하는 것을 말합니다. 전국의 유권자 4천만 명 중 1천 명을 선정하여 조사하는 것이죠. 이때 핵심은 '무작위'입니다. 무작위로 표본을 추출해야 전체 모집단의 특성을 잘 반영할 수 있기 때문입니다.

하지만 무작위 표본 추출이 실제로는 얼마나 어려운 일인지 깨닫게 해주는 역사적 사건이 있습니다. 1936년 미국 대선 당시 일어난 '리터러리 다이제스트Literary Digest' 사건입니다. 이 잡지는 당시 미국 최대 규모의 여론조사를 실시했습니다. 무려 240만 명이 응답한 조사였습니다. 현재의 여론조사가 보통 1천 명 내외를 대상으로 한다는 것을 생각하면 엄청난 규모였죠. 리터러리 다이제스트는 전화번호부와 자동차 등록부, 그리고 자신들의 구독자 명단에서 이름을 추출했습니다. 1936년 당시 전화기와 자동차를 소유하고 잡지를 구독할 수 있는 사람들은 주로 중산층 이상이었습니다. 대공황으로 경제가 어려운 상황에서 이런 계층은 전체 인구를 대표하지 못했습니다. 결과적으로 이 조사는 공화당 후보인 알프 랜던Alf Landon이 57%의 지지를 받아 압승할 것이라고 예측했습니다.

하지만 같은 선거에서 조지 갤럽George Gallup은 전혀 다른 접근을 했습니다. 그는 5만 명이라는 훨씬 작은 규모의 표본을 사용했지만, 사회 계층을 고려한 층화 표본 추출을 실시했습니다. 소득 수준, 지역, 직업 등을 고려해서 미국 전체 인구를 잘 대표할 수 있도록 표본을 구성한 것입니다. 갤럽의 예측은 민주당 후보인 프랭클린 루스벨트Franklin D. Roosevelt의 승리였습니다. 실제 선거 결과는 어땠을까요? 루스벨트가 60.8%

의 득표율로 압승을 거두었습니다. 갤럽의 예측이 정확했고, 240만 명을 조사한 리터러리 다이제스트는 완전히 틀렸습니다. 이 사건은 표본의 크기보다 대표성이 훨씬 더 중요하다는 것을 보여주는 역사적 사례가 되었습니다. 리터러리 다이제스트는 이 사건 이후 신뢰도가 추락하며 결국 폐간되었습니다.

이 사건에서 배울 수 있는 중요한 교훈은 편향된 표본의 위험성입니다. 아무리 많은 사람을 조사해도 특정 계층에 편향된 표본이라면 전체를 대표할 수 없습니다. 현재의 여론조사에서도 이런 편향 문제는 여전히 존재합니다. 휴대전화를 사용하지 않는 고령층, 여론조사 참여를 거부하는 특정 정치 성향의 유권자들, 그리고 언어적 장벽으로 인해 조사에서 배제되는 이민자들 등은 모두 표본 편향을 만들어낼 수 있는 요인들입니다.

그러나 아무리 무작위로 표본을 추출해도 완벽히 전체 모집단을 대표할 수는 없습니다. 이러한 불확실성을 표현하기 위해 통계학자들은 '신뢰 구간Confidence Interval'과 '오차 범위Margin of Error'라는 개념을 사용합니다. "이번 대선에서 A 후보의 지지율은 95% 신뢰 수준에서 52% ± 3%입니다"라는 문장을 뉴스에서 자주 듣게 됩니다. 이는 "만약 같은 방법으로 100번의 조사를 실시한다면, 그 중 95번은 A 후보의 실제 지지율이 49%에서 55% 사이에 있을 것이다"라는 의미입니다.

여기서 ±3%가 바로 오차 범위입니다. 많은 사람들이 "A 후보의 실제 지지율이 49-55% 사이에 있을 확률이 95%"라고 잘못 이해하기도 하는데, 이는 정확한 해석이 아닙니다.

신뢰 구간과 오차 범위는 표본의 크기와 밀접한 관련이 있습니다. 일반적으로 표본의 크기가 클수록 오차 범위는 작아집니다. 이는 중심극한정리라는 통계학의 기본 원리에 근거합니다. 중심극한정리에 따르면, 표본의 크기가 충분히 크면 표본 평균의 분포가 정규분포에 가까워집니다. 예를 들어, 1,000명을 대상으로 한 조사의 오차 범위가 ±3%라면, 10,000명을 대상으로 한 조사의 오차 범위는 ±1% 정도로 줄어들 수 있습니다. 하지만 표본의 크기를 늘리는 것은 비용과 시간이 많이 들기 때문에, 적절한 균형을 찾는 것이 중요합니다.

2012년 미국 대선에서 큰 주목을 받은 네이트 실버Nate Silver의 선거 예측 모델은 확률론을 활용한 선거 예측의 대표적인 사례입니다. 실버는 통계학자이자 정치 분석가로, 그의 웹사이트 '파이브서티에이트FiveThirtyEight'는 선거 예측의 새로운 기준을 제시했습니다. 실버의 방법론은 앞서 다른 장에서 다룬 베이즈 정리를 기반으로 합니다. 새로운 여론조사 결과가 나올 때마다 기존의 예측을 수정하는 방식입니다. 핵심은 각 조사에 적절한 가중치를 부여하는 것입니다. 그는 하나의 여론조사 결과에 의존하지 않고, 다양한 여론조사 결과를 종합했습니다. 하지만 모든 조사를 동등하게 취급하지는 않았습니다. 각 조사 기관의 과거 정확도, 표본 크기, 조사 방법 등을 고려해서 가중치를 부여했습니다. 과거에 정확한 예측을 한 기관의 조사에는 높은 가중치를, 편향이 있었던 기관의 조사에는 낮은 가중치를 부여한 것입니다.

실제 2012년 선거에서 실버는 오바마가 재선될 확률을 90.9%로 예측했고, 실제로 오바마가 승리하면서 그의 모델은 큰 주목을 받았습니다. 더욱 놀라운 것은 그가 50개 주 전체의 결과를 모두 정확히 예측했다는 점입니다. 하지만 실버 스스로도 이것이 운이 좋았던 면이 있다고 인정했습니다. 확률이 90.9%라는 것은 여전히 9.1%의 가능성으로 다른 결과가 나올 수 있다는 뜻이기 때문입니다.

선거일 당일에 실시되는 출구 조사도 확률론적 기법을 활용합니다. 출구 조사는 투표를 마친 유권자들을 대상으로 실시하기 때문에, 실제 투표 결과와 가장 유사한 결과를 얻을 수 있습니다. 하지만 출구 조사 역시 표본 조사이기 때문에 오차가 발생할 수 있습니다. 특히 접전 지역에서는 작은 오차도 큰 영향을 미칠 수 있기 때문에, 출구 조사 결과를 해석할 때는 신중을 기해야 합니다.

출구 조사의 정확도를 높이기 위해 다양한 통계적 기법이 사용됩니다. 층화 표본 추출Stratified Sampling 방법을 사용하여 성별, 연령, 지역 등 다양한 인구 집단이 적절히 대표되도록 합니다. 또한 사전 투표나 우편 투표 등 출구 조사로는 파악할 수 없는 투표도 별도로 추정해야 합니다. 특히 한국에서는 사전 투표 비율이 계속 증가하고 있어서 이 문제가 더욱 중요해졌습니다. 2022년 대선에서는 전체 투표의 36.9%가 사전 투표였습니다. 사전 투표자들의 투표 성향이 선거일 투표자들과 다를 수 있기 때문에, 이를 정확히 추정하는 것이 출구 조사의 정확도를 좌우합니다. 또한, 응답 거부자의 특성을 분석하여 편향을 조정하는 방법도 사용됩니다. 이러한 방법들은 모두 복잡한 확률 모델을 기반으로 합니다.

선거와 관련된 또 다른 중요한 확률론적 문제는 게리맨더링Gerrymandering입니다. 게리맨더링이란 특정 정당에 유리하도록 선거구를 획정하는 것을 말합니다. 이는 19세기 초 미국 매사추세츠 주지사였던 엘브리지 게리Elbridge Gerry의 이름에서 유래했습니다. 당시 게리가 자신의 정당에 유리하도록 선거구를 획정했는데, 그 모양이 마치 살라만더(Salamander, 도롱뇽)와 같다고 하여 'Gerry'와 'salamander'를 합친 'gerrymander'라는 단어가 만들어졌습니다.

게리맨더링의 수학적 복잡성을 이해하기 위해 간단한 상황을 생각해보겠습니다. 어떤 지역에 A당 지지자 600명과 B당 지지자 400명이 살고 있고, 이를 2개 선거구로 나누어야 한다면 결과는 획정 방법에 따라 완전히 달라집니다. 공정하게 나누면 각 선거구에 A당 300명, B당 200명씩 배치되어 A당이 2석을 모두 가져갑니다. 하지만 B당이 게리맨더링을 한다면 첫 번째 선거구에 A당 지지자를 500명 몰아넣고, 두 번째 선거구에서는 B당이 300:100으로 승리하게 만들어 1:1 결과를 얻을 수 있습니다. 극단적인 경우, 전체 지지율에서 열세인 B당이 오히려 더 많은 의석을 차지하는 것도 가능합니다. 이를 그림으로 나타내면 다음과 같습니다.

● A당 지지자　　　○ B당 지지자

공정한 획정

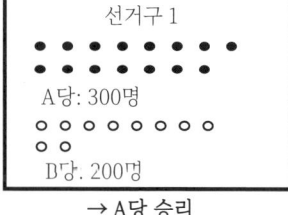 

결과: A당 2석, B당 0석

게리맨더링

결과: A당 1석, B당 1석

선거 예측의 확률론

극단적 게리맨더링 (지지율 60% vs 40%)

선거구 1	선거구 2	선거구 3
● ● ● ● ● ● ● ● ● ●	● ● ● ○ ○ ○ ○ ○ ○ ○	● ● ● ○ ○ ○ ○ ○ ○ ○
A:540 B:60	A:30 B:170	A:30 B:170
A당 승리	B당 승리	B당 승리

극단적 결과: A당 1석(33%), B당 2석(67%)
→ 60% 지지율 정당이 33% 의석만 확보!

실제 게리맨더링은 이보다 훨씬 복잡합니다. 수백 개의 구역을 수십 개의 선거구로 나누어야 하고, 지리적 연속성, 인구 균형, 기존 행정구역 경계 등 다양한 제약 조건을 고려해야 합니다. 이를 수학적으로 모델링하기 위해 그래프 이론Graph Theory과 최적화 이론Optimization Theory 등이 사용됩니다. 각 지역을 노드Node로, 인접한 지역 간의 연결을 엣지Edge로 표현하는 그래프를 만들고, 이 그래프를 특정 조건을 만족하도록 분할하는 문제로 게리맨더링을 표현할 수 있습니다. 하지만 이는 매우 복잡한 조합 최적화 문제가 됩니다. 가능한 선거구 획정 방법의 수가 천문학적으로 많기 때문입니다.

최근에는 컴퓨터 알고리즘을 이용해 공정한 선거구 획정 방법을 찾으려는 연구가 활발히 진행되고 있습니다. 예를 들어, 몬테카를로 시뮬레이션Monte Carlo Simulation을 이용하여 수많은 가능한 선거구 획정 방법을 생성하고, 이 중에서 특정 기준

(예: 지리적 연속성, 인구 균형, 정치적 공정성 등)을 가장 잘 만족하는 방법을 선택하는 접근법이 있습니다. 이러한 방법은 복잡한 확률 모델과 최적화 알고리즘을 결합한 것입니다.

다양한 투표 시스템의 확률론적 특성에 대해서도 연구가 이루어지고 있습니다. 예를 들어, 단순 다수제와 비례대표제, 결선투표제 등 다양한 투표 시스템이 어떤 확률적 특성을 가지는지, 그리고 어떤 시스템이 가장 '공정한' 결과를 낳는지에 대한 연구가 진행되고 있습니다.

이러한 연구는 수학자 케네스 애로우Kenneth Arrow의 '불가능성 정리Impossibility Theorem'에서 시작되어, 현재까지도 활발히 논의되고 있는 주제입니다. 애로우의 불가능성 정리는 세 명 이상의 후보자가 있을 때, 모든 유권자의 선호를 공정하게 반영하는 완벽한 투표 시스템은 존재할 수 없다는 것을 수학적으로 증명한 이론입니다.

애로우는 공정한 투표 시스템이 만족해야 할 조건들을 제시했습니다. 첫째, 유권자의 선호가 바뀌면 결과도 바뀌어야 한다(반응성). 둘째, 만약 모든 유권자가 A를 B보다 선호한다면 투표 결과도 A가 B보다 우선해야 한다(만장일치). 셋째, A와 B 사이의 상대적 순위는 제3의 후보 C와 무관해야 한다(무관한 대안으로부터의 독립성). 넷째, 어떤 한 사람의 의견이 결과를 좌우해서는 안 된다(독재 금지). 애로우는 이 네 가지 조건을 모두 만족하는 투표 시스템은 존재할 수 없음을 수학적으로 증명했습니다. 이 정리는 민주주의의 근본적인 한계를 보여주는 동시에, 다양한 투표 시스템의 장단점을 비교 분석하는 연구의 출발점이 되었습니다.

선거 예측의 확률론은 학문적인 영역에 머무르지 않습니다. 이는 실제 정치 현장에서 중요한 역할을 합니다. 정당과 후보자들은 이러한 예측을 바탕으로 선거 전략을 수립합니다. 어느 지역에 집중할 것인지, 어떤 유권자층을 타겟으로 할 것인지, 언제 어떤 메시지를 전달할 것인지 등을 결정하는 데 확률론적 분석이 활용됩니다.

그러나 확률론적 선거 예측에도 한계가 있습니다. 2016년 미국 대선에서 대부분의 예측이 힐러리 클린턴의 승리를 점쳤지만, 실제로는 도널드 트럼프가 승리했습니다. 많은 예측 모델이 클린턴의 승리 확률을 70-90%로 계산했는데, 이는 10-30%의 확률로 트럼프가 승리할 수도 있다는 뜻이었습니다. 이는 여론 조사의 편향, 은밀한 유권자shy voter 현상, 마지막 순간의 변화 등 다양한 요인이 작용한 결과였습니다. 이 사건은 확률론적 예측이 절대적인 것이 아니라는 점을 상기시켜주었고, 예측 모델의 개선과 해석에 대한 새로운 논의를 불러일으켰습니다.

앞으로 기술의 발전으로 선거 예측의 정확도는 더욱 높아질 것으로 예상됩니다. 소셜 미디어 데이터 분석, 실시간 여론 추적, 더욱 정교한 시뮬레이션 모델 등이 활용될 것입니다. 예를 들어, 자연어 처리 기술을 이용해 소셜 미디어 게시물의 감성을 분석하고, 이를 선거 예측에 활용하는 연구가 진행되고 있습니다. "A 후보 정말 좋다", "B 후보 실망이다" 같은 텍스트를 분석하여 각 후보에 대한 여론을 실시간으로 파악할 수 있습니다. 또한 해시태그 사용 패턴, 공유 빈도, 댓글의 감정 등도 분석 대상이 됩니다.

또한, 강화학습 알고리즘을 사용하여 과거 선거 데이터로부터 최적의 예측 전략을 학습하는 방법도 연구되고 있습니다. 이는 마치 바둑이나 체스 인공지능이 수많은 게임을 통해 최적의 전략을 학습하는 것과 비슷한 방식입니다. 과거의 여론조사 데이터, 선거 결과, 각종 경제·사회 지표 등을 학습하여 새로운 상황에서 가장 정확한 예측을 할 수 있는 모델을 만드는 것입니다.

그러나 동시에 개인정보 보호, 알고리즘의 편향성, 가짜 뉴스의 영향 등 새로운 윤리적, 기술적 과제들도 제기될 것입니다. 개인의 온라인 활동 데이터를 기반으로 한 정밀한 선거 예측이 가능해짐에 따라, 이것이 개인의 프라이버시를 침해하지 않는지에 대한 우려가 제기되고 있습니다. 또한, 알고리즘이 학습 데이터의 편향성을 그대로 반영하여 특정 집단에 불리한 예측을 할 수 있다는 문제도 있습니다. 과거 선거에서 특정 지역이나 계층이 소외되었다면, 그 패턴을 학습한 알고리즘이 미래에도 같은 편향을 보일 수 있습니다. 이러한 문제들을 해결하기 위해 '설명 가능한 AI(Explainable AI)', '공정한 기계학습Fair Machine Learning' 등의 연구가 활발히 진행되고 있습니다.

　선거 예측의 확률론은 현대 정치 분석의 핵심 도구로 자리 잡았습니다. 이는 단순히 승자를 맞히는 것을 넘어, 민주주의 과정에 대한 우리의 이해를 깊게 하고, 더 나은 정치 시스템을 설계하는 데 기여하고 있습니다. 앞으로도 확률론은 선거와 정치 분석에서 중요한 역할을 할 것이며, 이를 통해 우리는 더욱 정확하고 공정한 민주주의를 실현할 수 있을 것입니다. 그러나 동시에 우리는 이러한 기술의 한계와 잠재적인 위험성에 대해서도 항상 경계하고, 비판적으로 생각해야 할 것입니다. 확률론적 예측은 우리의 의사결정을 돕는 도구일 뿐, 그 자체가 민주주의를 대체할 수는 없기 때문입니다.

10장

범죄 수사와 베이즈 정리

범죄 수사와
베이즈 정리

 범죄 수사는 우리의 호기심을 자극하는 흥미진진한 주제입니다. 텔레비전 드라마나 영화에서 형사들이 증거를 수집하고 용의자를 추적하는 모습을 보면 마치 복잡한 퍼즐을 맞추는 것 같은 흥미진진한 과정으로 보입니다. 하지만 실제 범죄 수사는 이보다 훨씬 더 복잡하고 과학적인 접근이 필요합니다. 특히 현대의 범죄 수사에서는 확률론, 그 중에서도 베이즈 정리가 매우 중요한 역할을 합니다.

 1995년 미국 로스앤젤레스에서 일어난 O.J. 심슨O.J. Simpson 살인 사건은 DNA 증거와 확률 해석이 법정에서 어떻게 다뤄지는지를 보여주는 대표적인 사례입니다. 변호인단이 제기한 핵심 쟁점은 DNA 일치 확률과 유죄 확률을 동일시하는 오류였습니다. 검찰의 "DNA 일치 확률이 수백만분의 1"이라는 주장에 대해 변호인단은 "그렇다면 범인일 확률도 수백만분의 1분의 수백만 빼기 1"이라는 잘못된 논리를 지적했습니다. 이는 베이즈적 추론에서 가장 흔한 오류인 '검사의 오류 Prosecutor's Fallacy'를 보여주는 대표적 사례가 되었습니다.

이 오류의 핵심은 P(증거|무죄)와 P(유죄|증거)를 혼동하는 것입니다. 현대 범죄 수사에서 DNA 증거를 정확히 해석하려면 베이즈 정리의 모든 구성 요소를 고려해야 합니다. 단순히 DNA 일치 확률만이 아니라 사전 확률, 가능도 비율, 그리고 증거의 강도를 종합적으로 평가해야 합니다.

앞 장들에서 베이즈 정리의 기본 개념과 간단한 예시를 살펴보았습니다. 이제 그 공식을 다시 한 번 살펴보고, 범죄 수사에 실제 적용하여 각 구성요소가 어떻게 작동하는지 단계별로 파헤쳐보겠습니다.

베이즈 정리 (Bayes' Theorem)

$$P(A|B) = P(B|A) \times P(A) / P(B)$$

사후확률 = (가능도 × 사전확률) / 전체확률

P(A|B) - 사후확률
증거 B가 주어졌을 때 A가 참일 확률
예시: DNA 일치 시 용의자가 범인일 확률
- 우리가 구하고자 하는 최종 답

P(B|A) - 가능도
A가 참일 때 증거 B가 나타날 확률
예시: 범인이라면 DNA가 일치할 확률
- 일반적으로 매우 높음 (99.9%)

P(A) - 사전확률
증거를 보기 전 A가 참일 확률
예시: 용의자가 범인일 사전 확률
- 수사 정보에 따라 크게 달라짐

P(B) - 전체확률
증거 B가 나타날 전체 확률
계산: $P(B|A) \times P(A) + P(B|A^c) \times P(A^c)$
- 정규화 상수 역할

베이즈 정리는 새로운 증거가 나타날 때마다 확률을 업데이트하는 체계적 방법을 제공합니다 구체적인 베이즈적 계산을 살펴보겠습니다. 범죄 현장에서 발견된 DNA가 용의자와 일치할 때, 용의자가 범인일 확률은 다음과 같이 계산됩니다:

$$P(유죄|DNA\ 일치) = \frac{[P(DNA\ 일치|유죄) \times P(유죄)]}{[P(DNA\ 일치|유죄) \times P(유죄) + P(DNA\ 일치|무죄) \times P(무죄)]}$$

만약 용의자가 무작위로 선택된 사람이라면 사전 확률 P(유죄)는 극히 낮습니다(예: 100만분의 1). DNA 일치 확률 P(DNA 일치|유죄)가 거의 1에 가깝고, 잘못된 양성 반응 P(DNA 일치|무죄)가 0.001%라고 하더라도, 최종 확률은 약 0.1%에 불과합니다. 이는 직관과 크게 다른 결과입니다.

하지만 이 계산에서 핵심은 사전 확률의 설정입니다. 만약 용의자가 피해자와 관련이 있고, 현장 근처에서 목격되었으며, 동기가 있다면 사전 확률은 크게 높아집니다. 사전 확률이 1%라면 최종 확률은 약 90%까지 올라갑니다. 이처럼 베이즈적 추론에서는 사전 정보의 적절한 평가가 결정적입니다.

다음에 나오는 시나리오 비교로 사전확률의 결정적 역할을 살펴보겠습니다.

```
┌─────────────────────────────────┐  ┌─────────────────────────────────┐
│   시나리오 1: 무작위 용의자      │  │   시나리오 2: 관련성 높은 용의자  │
│                                 │  │                                 │
│   무작위로 선택된 용의자         │  │   피해자와 관련 있음, 동기 존재   │
│   특별한 동기나 연관성 없음      │  │   현장 근처 목격, 기회 있음      │
│                                 │  │                                 │
│ • 사전확률: 0.000001            │  │ • 사전확률: 0.01 (1%)           │
│ • DNA 일치│범인: 99.9%          │  │ • DNA 일치│범인: 99.9%          │
│ • DNA 일치│무죄: 0.001%         │  │ • DNA 일치│무죄: 0.001%         │
│ • 같은 DNA 증거 사용            │  │ • 동일한 DNA 증거 사용          │
│                                 │  │                                 │
│  ┌───────────────────────────┐  │  │  ┌───────────────────────────┐  │
│  │     베이즈 계산 결과:      │  │  │  │     베이즈 계산 결과:      │  │
│  │   범인일 확률: 약 9.1%    │  │  │  │  범인일 확률: 약 99.9%    │  │
│  └───────────────────────────┘  │  │  └───────────────────────────┘  │
│ 결론: DNA 증거만으로는 확신할 수 없다! │ │ 결론: 사전정보가 충분하면 DNA 증거로 확신! │
└─────────────────────────────────┘  └─────────────────────────────────┘
```

같은 DNA 증거, 사전확률만 다른데도 9.1% vs 99.9%!
베이즈 정리에서 사전정보의 중요성을 보여주는 극명한 대조

실제 법정에서는 이런 혼동이 심각한 결과를 초래할 수 있습니다. 1999년 영국에서 일어난 샐리 클라크Sally Clark 사건이 그 대표적인 예입니다. 클라크는 자신의 두 아이가 모두 영아돌연사증후군(SIDS)으로 사망했다고 주장했지만, 검찰은 한 가정에서 두 아이가 모두 SIDS로 사망할 확률이 7300만분의 1이라며 이는 살인이라고 주장했습니다. 하지만 이 계산에는 치명적인 오류가 있었습니다. 두 사건이 독립적이라고 가정한 것입니다. 실제로는 SIDS에 유전적 요인이 있을 수 있고, 환경적 요인도 공유될 수 있습니다. 또한 검찰은 P(두 아이 모두 SIDS로 사망│무죄)와 P(무죄│두 아이 모두 SIDS로 사망)를 혼동했습니다. 클라크는 1심에서 유죄 판결을 받았지만, 나중에 통계적 오류가 밝혀져 무죄 판결을 받았습니다.

범죄 프로파일링에서도 베이즈 정리가 중요하게 활용됩니

다. 프로파일러들은 범죄 현장의 증거, 범행 수법, 피해자의 특성 등을 종합하여 범인의 특성을 추론합니다. 이 과정에서 과거의 유사한 사건들의 통계와 새로운 증거들을 베이즈 정리를 통해 결합하여 더 정확한 프로필을 만들어낼 수 있습니다.

연쇄살인범 프로파일링을 생각해보겠습니다. 과거 데이터에 따르면 연쇄살인범의 80%가 남성이고, 70%가 20-40세 사이이며, 60%가 범죄 현장 반경 10km 이내에 거주한다고 가정해봅시다. 새로운 연쇄살인 사건에서 목격자가 "젊은 남성 같았다"고 증언했다면, 이 정보를 기존 통계와 결합하여 범인이 20-40세 남성일 확률을 더 정교하게 계산할 수 있습니다. 하지만 여기서 주의해야 할 점은 기본비율 무시 오류Base Rate Neglect입니다. 만약 특정 지역 인구의 5%만이 20-40세 남성이라면, 목격자 증언만으로는 이들이 범인일 확률이 그리 높지 않을 수 있습니다. 반대로 이 연령대 남성의 비율이 30%라면 상황이 달라집니다. 이런 기본비율을 무시하고 증거만으로 판단하면 잘못된 결론에 이를 수 있습니다.

법의학적 증거 분석에서도 베이즈 정리가 광범위하게 사용됩니다. 혈흔 패턴 분석에서는 혈방울의 크기와 분포로부터 범행 도구와 가해자 위치를 확률적으로 추론합니다. 지문 분석은 전통적인 "일치/불일치" 판단에서 벗어나 특징점의 수와 품질을 고려한 확률 계산으로 발전했습니다. 음성 분석과

필적 분석에서는 감정 상태나 환경 변화로 인한 변동성을 베이즈적으로 모델링합니다. 컴퓨터 포렌식에서는 삭제된 파일의 복구 가능성이나 타임스탬프의 신뢰성을 확률적으로 평가하며, 특히 암호화된 데이터 분석에서 베이즈적 접근이 핵심적 역할을 합니다.

역사적으로 볼 때, 베이즈 정리를 암호 해독에 적용한 대표적인 인물로 앨런 튜링Alan Turing을 들 수 있습니다. 제2차 세계대전 당시 튜링은 독일군의 에니그마Enigma 암호를 해독하는 데 베이즈적 접근법을 사용했습니다. 그는 독일어의 특성과 에니그마 기계의 작동 원리에 대한 사전 지식을 바탕으로, 암호문에서 얻은 새로운 정보를 결합하여 가장 가능성 높은 해독 결과를 도출해냈습니다. 튜링의 방법은 '가능도 원리Likelihood Principle'에 기반했습니다. 각각의 가능한 암호 설정에 대해 관찰된 암호문이 나타날 가능도를 계산하고, 가장 높은 가능도를 가진 설정을 선택하는 것입니다. 이는 베이즈 정리의 핵심 아이디어와 일치합니다. 튜링의 이런 접근법은 에니그마 해독에 결정적인 역할을 했고, 전쟁의 조기 종료에 기여했다고 평가됩니다.

그러나 베이즈 정리를 범죄 수사에 적용할 때는 신중해야 합니다. 특히 법정에서 확률적 증거를 제시할 때는 매우 조심스러운 접근이 필요합니다. 왜냐하면 배심원들이나 판사가 이러한 통계적 증거를 오해하거나 과대평가할 수 있기 때문입니다. 따라서 전문가들은 확률적 증거를 제시할 때 그 의미와 한계를 명확히 설명해야 합니다.

확률을 퍼센트로 표현할 때와 자연 빈도natural frequency로 표현할 때 사람들의 이해도가 크게 달라진다는 연구 결과도 있습니다. "DNA 일치 확률이 99.9%"라고 말하는 것보다 "1000명 중 999명에서 DNA가 일치한다"고 표현하는 것이 더 정확한 이해를 돕습니다. 또한 "무고한 사람 1000명을 검사하면 1명에서 잘못된 양성 반응이 나올 수 있다"는 식으로 설명하면 검사의 오류를 피할 수 있습니다.

또한, 베이즈 정리는 '무죄 추정의 원칙'과도 밀접한 관련이 있습니다. 이 원칙에 따르면, 모든 피고인은 유죄가 입증될 때까지는 무죄로 추정됩니다. 베이즈적 관점에서 보면, 이는 처음에 피고인의 유죄 확률을 매우 낮게 설정하는 것과 같습니다. 그리고 재판 과정에서 제시되는 증거들을 통해 이 확률이 점차 업데이트되는 것으로 볼 수 있습니다. 이런 식으로 베이즈 정리는 법적 원칙과 수학적 논리를 연결하는 다리 역할을 합니다.

미래의 범죄 수사에서는 인공지능과 빅데이터 기술의 발전으로 베이즈 정리의 활용이 급속히 확대될 것입니다. 예를 들어, 범죄 패턴 분석, 용의자 식별, 심지어 범죄 예방에 이르기까지 다양한 분야에서 베이즈적 접근이 활용될 수 있을 것입니다. 또한, 머신러닝 알고리즘은 본질적으로 베이즈적 추론에 기반하고 있어, 예측 치안Predictive Policing에서는 과거 데이터와 사회경제적 지표를 결합하여 범죄 발생 확률을 예측하고 경찰력을 효율적으로 배치할 수도 있습니다.

유전자 계보학Genetic Genealogy은 베이즈적 접근의 획기적인 사례입니다. 범죄 현장 DNA를 공개 데이터베이스와 비교하여 친족 관계 확률을 계산하는 이 기법으로 40년간 미해결이었던 골든 스테이트 킬러Golden State Killer 사건이 해결되었습니다. 사이버 범죄 수사에서도 APT(Advanced Persistent Threat) 공격의 미미한 흔적들을 베이즈적으로 종합하여 공격자를 식별하는 기술이 발전하고 있습니다.

그러나 이와 동시에 윤리적인 문제들도 제기될 수 있습니다. 확률에 기반한 판단이 개인의 인권을 침해하거나 편견을 강화할 수 있다는 우려가 있습니다. 예를 들어, 특정 지역이나 인구 집단에 대한 통계적 데이터가 편향되어 있다면, 이를 바탕으로 한 베이즈적 추론은 불공정한 결과를 낳을 수 있습니다. 따라서 앞으로는 베이즈 정리를 비롯한 확률론적 도구들을 어떻게 윤리적이고 공정하게 사용할 것인가에 대한 사회적 논의가 필요할 것입니다.

베이즈 정리는 범죄 수사에서 강력한 분석 방법이지만, 그 사용에는 신중함과 전문성이 요구됩니다. 이는 수학적 공식이 아니라 우리의 사고방식을 반영하는 철학적 접근법이기도 합니다. 불확실성 하에서 합리적인 추론을 하는 방법을 제시하며, 새로운 증거에 따라 기존 믿음을 업데이트하는 과정을 체계화합니다. 앞으로 범죄 수사 기술이 발전함에 따라, 베이즈 정리의 활용도 더욱 정교해지고 광범위해질 것입니다. 동시에 이를 올바르게 이해하고 적용하는 것이 중요해질 것입니다. 범죄 수사의 미래는 과학적 증거와 논리적 추론, 그리고 윤리적 고려가 균형을 이루는 방향으로 나아갈 것입니다. 그리고 이 과정에서 베이즈 정리는 계속해서 중요한 역할을 할 것입니다. 우리는 이러한 도구를 더 잘 이해하고 활용함으로써, 더 공정하고 정확한 사법 체계를 만들어 나갈 수 있을 것입니다.

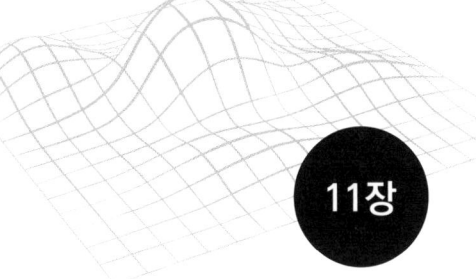

11장

$E[aX+b] = a \cdot E[X] + b$

양자역학과 확률의 춤

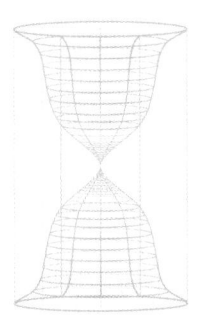

$Var(X) = E[X^2] - (E[X])^2$

양자역학과

확률의 춤

 우리는 일상생활에서 물체의 위치나 속도를 정확히 측정할 수 있다고 생각합니다. 예를 들어, 야구 경기에서 투수가 던진 공의 속도를 측정하거나, GPS를 사용해 자동차의 위치를 파악하는 것은 매우 일반적인 일입니다. 그러나 원자나 전자와 같은 미시 세계로 들어가면 이야기가 완전히 달라집니다. 이 작은 세계에서는 우리의 일상적인 경험과 직관이 더 이상 통하지 않습니다. 이러한 미시 세계의 이상한 현상들을 설명하기 위해 등장한 것이 바로 양자역학Quantum Mechanics입니다.
 양자역학에서 확률은 우리가 지금까지 살펴본 다른 분야와는 근본적으로 다른 의미를 갖습니다. 동전 던지기나 주사위 굴리기에서 확률은 우리가 모든 정보를 알지 못하기 때문에 사용하는 방법이었습니다. 동전의 초기 조건과 공기 저항, 중력 등을 모두 정확히 알 수 있다면 이론적으로는 결과를 예측할 수 있습니다. 하지만 양자역학에서 확률은 자연의 근본적인 특성입니다. 아무리 정밀한 측정 장비를 사용해도 전자의 정확한 위치와 운동량을 동시에 알 수는 없습니다.

양자역학은 20세기 초 물리학자들이 원자 내부의 현상을 설명하려는 노력에서 탄생했습니다. 1900년 막스 플랑크Max Planck가 흑체복사 문제를 해결하면서 에너지가 연속적이 아닌 불연속적인 양자quantum 단위로만 존재한다는 가설을 제시했습니다. 이는 마치 계단을 올라갈 때 한 칸씩만 올라갈 수 있고 중간 지점에는 머물 수 없는 것과 같습니다.

당시 물리학자들은 고전 물리학으로는 설명할 수 없는 여러 현상들과 마주쳤습니다. 그중 가장 유명한 실험이 바로 '이중 슬릿 실험Double-slit Experiment'입니다. 이 실험에서는 전자를 하나씩 발사하여 두 개의 좁은 틈(슬릿)을 통과시킨 후, 뒤쪽의 스크린에 나타나는 패턴을 관찰합니다. 놀랍게도, 전자를 하나씩 발사했음에도 불구하고 스크린에는 파동의 간섭 패턴이 나타났습니다.

이 결과가 왜 놀라운지 이해하기 위해 물의 파동으로 비유해 보겠습니다. 호수에 돌멩이를 두 개 동시에 던지면 두 개의 파동이 만나면서 간섭 패턴이 생깁니다. 어떤 지점에서는 파동이 보강되어 큰 파도가 되고, 다른 지점에서는 상쇄되어 잔잔해집니다. 하지만 이중 슬릿 실험에서는 전자를 하나씩 보내는데도 이런 간섭 패턴이 나타났습니다. 이는 전자가 입자이면서 동시에 파동의 성질을 갖는다는 것을 의미합니다. 더욱 신기한 것은 관찰자가 전자가 어느 슬릿을 통과하는지 관찰하려고 하면 간섭 패턴이 사라진다는 점입니다. 마치 전자가 관찰되고 있다는 것을 알고 행동을 바꾸는 것처럼 보입니다. 이러한 현상은 우리의 일상적인 경험으로는 이해하기 힘들며, 오직 확률론적으로만 설명이 가능했습니다.

양자역학의 핵심 개념 중 하나는 '파동 함수Wave Function'입니다. 파동 함수는 입자의 상태를 나타내는 수학적 객체로, 그 절댓값의 제곱은 입자가 특정 위치에서 발견될 확률 밀도를 나타냅니다. 이것이 바로 1926년 막스 보른Max Born이 제시한 '보른 규칙Born Rule'입니다. 이는 입자의 위치가 정확히 정해져 있는 것이 아니라, 확률적으로만 알 수 있다는 것을 의미합니다.

전자의 위치를 측정하기 전에는 전자가 여러 곳에 동시에 존재할 수 있는 '중첩 상태Superposition'에 있다고 봅니다. 이는 주사위를 던지기 전에 모든 눈의 수가 동시에 존재하는 것과 비슷한 개념입니다. 하지만 주사위와 달리, 양자역학에서는 이 중첩 상태가 실제로 존재한다고 봅니다. 전자는 정말로 여러 위치에 동시에 있다가 측정 순간에 하나의 위치로 '붕괴'합니다.

이러한 개념의 이상함을 잘 보여주는 것이 '슈뢰딩거의 고양이Schrödinger's Cat' 사고 실험입니다. 오스트리아의 물리학자 에르빈 슈뢰딩거Erwin Schrödinger가 1935년에 제안한 이 실험은 양자역학의 해석이 얼마나 기이한지를 보여주기 위해 고안되었습니다.

실험은 다음과 같습니다. 고양이를 상자에 넣고, 그 안에 방사성 물질과 독가스가 연결된 장치를 함께 넣습니다. 1시간 동안 방사성 물질이 붕괴할 확률이 정확히 50%라고 가정합니다. 만약 붕괴가 일어나면 독가스가 방출되어 고양이가 죽게 됩니다. 양자역학의 중첩 원리에 따르면, 상자를 열어 관찰하기 전까지 방사성 물질은 '붕괴한 상태'와 '붕괴하지 않은 상태'의 중첩에 있습니다. 따라서 고양이도 살아있는 상태와 죽은 상태의 중첩 상태에 있다고 봐야 합니다. 이는 우리의 일상적 경험과 크게 충돌하는 개념입니다. 고양이가 동시에 살아있으면서 죽어있다는 것은 상식적으로 받아들이기 어렵기 때문입니다. 슈뢰딩거는 이 사고실험을 통해 양자역학의 코펜하겐 해석이 거시 세계에까지 확장되면 얼마나 부조리한 결과를 낳는지 보여주려 했습니다.

양자역학의 또 다른 중요한 원리로 '하이젠베르크의 불확정성 원리Heisenberg Uncertainty Principle'가 있습니다. 독일의 물리학자 베르너 하이젠베르크Werner Heisenberg가 1927년에 제안한 이 원리는, 입자의 위치와 운동량을 동시에 정확히 측정할 수 없다는 것입니다. 위치를 정확히 알면 운동량의 불확실성이 커지고, 운동량을 정확히 알면 위치의 불확실성이 커집니다.

이를 수학적으로 표현하면 $\Delta x \times \Delta p \geq \hbar/2$입니다.

여기서 Δx는 위치의 불확실성, Δp는 운동량의 불확실성, $\hbar$는 플랑크 상수를 2π로 나눈 값입니다. 이는 측정 도구의 한계 때문이 아니라, 자연의 근본적인 특성입니다.

예를 들어, 전자의 위치를 정확히 측정하려면 높은 에너지의 광자를 사용해야 하는데, 이 과정에서 전자의 운동량이 크게 변하게 됩니다. 이는 마치 야구공의 위치를 알기 위해 공을 손전등으로 비추는데, 그 손전등의 빛이 너무 강해서 공을 쳐내버리는 것과 비슷합니다.

불확정성 원리는 에너지와 시간에도 적용됩니다. $\Delta E \times \Delta t \geq \hbar/2$라는 관계는 "에너지를 정확히 알려면 그만큼 긴(또는 알맞은) 관측 시간이 필요하다"는 뜻으로, 아주 짧은 순간에는 에너지가 들쭉날쭉할 수 있음을 시사합니다. 덕분에 계산상 '가상 입자virtual particle'가 눈 깜짝할 사이에 나타났다가 사라지는 개념이 가능해집니다. 전체 과정의 총 에너지는 여전히 보존되지만, 극히 짧은 시간 동안은 규칙에서 살짝 벗어난 것처럼 보일 수 있는 셈입니다.

양자역학의 해석에 대해서는 여러 가지 견해가 있습니다. 가장 널리 받아들여지는 것은 '코펜하겐 해석Copenhagen Interpretation'입니다. 이는 닐스 보어Niels Bohr와 베르너 하이젠베르크가 제안한 해석으로, 측정 전까지는 입자가 확률적 상태에 있다가 측정 순간에 특정 상태로 '붕괴'한다고 봅니다.

코펜하겐 해석에서는 파동함수가 물리적 실체가 아니라 우리의 지식 상태를 나타내는 것으로 봅니다. 이는 마치 주사위를 던져 특정 눈이 나오면 그 순간 다른 가능성들이 사라지는 것과 유사합니다. 하지만 양자역학에서는 이 '붕괴' 과정이 측정이라는 행위 자체에 의해 일어난다고 봅니다.

반면 '다중 우주 이론Many-worlds Interpretation'은 1957년 휴 에버릿 3세Hugh Everett III가 제안한 해석으로, 모든 가능한 결과가 실제로 일어나지만 우리는 그 중 하나의 우주만을 경험한다고 설명합니다. 이 이론에 따르면, 슈뢰딩거의 고양이 실험에서 고양이가 살아있는 우주와 죽은 우주가 모두 실재합니다. 다중 우주 이론은 마치 주사위를 던질 때마다 6개의 평행 우주가 생겨나고, 우리는 그 중 하나의 우주만을 경험하는 것과 같습니다. 이 해석의 장점은 파동함수의 붕괴라는 신비로운 과정 없이도 양자역학을 일관되게 설명할 수 있다는 점입니다. 하지만 무한히 많은 우주의 존재를 가정해야 한다는 형이상학적 부담이 있습니다.

양자역학의 또 다른 흥미로운 현상은 '양자 얽힘Quantum Entanglement'입니다. 두 입자가 얽혀 있으면, 한 입자의 상태를 측정하는 순간 다른 입자의 상태도 즉시 결정됩니다. 이는 두 입자가 아무리 멀리 떨어져 있어도 마찬가지입니다. 예를 들어, 얽힌 두 전자가 지구와 화성에 각각 있다고 가정해봅시다. 지구에 있는 전자의 상태를 측정하면, 화성에 있는 전자의 상태도 즉시 결정됩니다. 이는 마치 지구에서 동전을 던져 앞면이 나오면, 화성의 동전도 즉시 뒷면이 되는 것과 같습니다.

아인슈타인은 이를 '유령같은 원격 작용'이라고 불렀으며, 양자역학의 불완전성을 주장하는 근거로 삼았습니다. 아인슈타인은 "물체가 서로 영향을 주려면 반드시 무언가가 그 사이를 이동해야 한다"고 믿었습니다. 하지만 양자 얽힘에서는 아무것도 이동하지 않는데도 즉시 영향을 미치는 것처럼 보였습니다. 1935년 아인슈타인과 동료들은 EPR 역설Einstein-Podolsky-Rosen Paradox이라는 사고실험을 제시했습니다. 이들은 "입자들에는 우리가 모르는 숨겨진 정보가 있고, 이 때문에 상관관계가 나타나는 것"이라고 주장했습니다. 마치 두 개의 동전이 미리 앞면과 뒷면으로 정해져 있어서, 한쪽을 확인하면 다른 쪽도 자동으로 알 수 있다는 식의 설명이었습니다.

하지만 1964년 존 벨John Bell이 제안한 수학적 증명을 통해 이런 설명이 틀렸음이 밝혀졌습니다. 벨은 만약 아인슈타인의 주장이 맞다면 실험 결과가 특정 범위를 넘을 수 없다는 것을 수학적으로 보였습니다. 1982년 알랭 아스페Alain Aspect의 실험에서 실제로 그 범위를 크게 넘는 결과가 나타났습니다. 이는 아인슈타인이 틀렸고 양자 얽힘이 실제로 존재한다는 증거였습니다.

 양자역학에서 확률은 우리가 일반적으로 아는 확률과 완전히 다릅니다. 일반적인 확률에서는 동전이 앞면이면 절대 뒷면일 수 없습니다. 하지만 양자 세계에서는 입자가 동시에 여러 상태에 있을 수 있습니다. 더 놀라운 것은 이런 가능성들이 서로 상호작용한다는 점입니다. 마치 두 개의 물결이 만나서 더 큰 파도를 만들거나 서로 상쇄시켜 잔잔해지는 것처럼, 양자 세계의 가능성들도 서로 강화하거나 약화시킬 수 있습니다. 이것이 바로 이중 슬릿 실험에서 전자 하나가 두 구멍을 동시에 통과해서 간섭 무늬를 만드는 이유입니다.

 양자역학의 이러한 특성들은 새로운 기술의 발전으로 이어지고 있습니다. 그 중 하나가 양자 암호학Quantum Cryptography입니다. 양자 암호는 양자역학의 원리를 이용해 절대적으로 안전한 통신을 가능하게 합니다. 가장 잘 알려진 것이 양자 키 분배(Quantum Key Distribution, QKD) 방식입니다. 이 방식에서는 도청자가 정보를 가로채려고 하면 양자 상태가 변화하여 도청 시도를 즉시 알아챌 수 있습니다. 누군가가 양자 상태를 측정하는 순간 그 상태가 변해버리기 때문입니다. 이는 하이젠베르크의 불확정성 원리와 측정에 의한 상태 붕괴라는 양자역학의 기본 원리에 기반합니다.

 양자 컴퓨터Quantum Computer는 양자역학의 중첩 현상을 계산에 활용합니다. 일반 컴퓨터는 0 또는 1만 저장할 수 있지만,

양자 컴퓨터는 0과 1을 동시에 저장할 수 있습니다. 이 때문에 특정 문제를 훨씬 빠르게 풀 수 있습니다. 하지만 양자 컴퓨터의 결과는 확률적입니다. 100% 정확한 답이 아니라 "아마도 이 답일 것이다"라는 식으로 나옵니다.

양자역학은 우리의 직관과 충돌하는 많은 개념들을 포함하고 있습니다. 그러나 이 이론은 지금까지 수많은 실험을 통해 검증되었으며, 현대 기술의 발전에 크게 기여하고 있습니다. 예를 들어, 반도체와 레이저 등 현대 전자기기의 근간이 되는 기술들이 양자역학에 기반하고 있습니다. 스마트폰의 프로세서, LED 조명, MRI 의료 장비 등 우리 주변의 많은 기술들이 양자역학의 원리를 활용하고 있는 것입니다. 또한 양자 컴퓨터, 양자 센서 등 미래 기술의 발전도 양자역학에 크게 의존하고 있습니다.

양자역학은 우리에게 자연의 근본적인 불확정성과 확률적 성질을 보여줍니다. 이는 우리가 세계를 바라보는 방식에 큰 변화를 가져왔습니다. 결정론적 세계관에서 확률론적 세계관으로의 전환은 과학뿐만 아니라 철학, 예술 등 다양한 분야에 영향을 미쳤습니다. 예를 들어, 현대 예술에서 우연성과 불확정성을 강조하는 경향은 양자역학의 영향을 받은 것으로 볼 수 있습니다. 잭슨 폴록의 액션 페인팅이나 존 케이지의 우연성 음악 등이 그 예입니다.

미래에는 양자역학의 원리를 더욱 깊이 이해하고 이를 응용한 기술들이 더욱 발전할 것으로 예상됩니다. 양자 컴퓨터가 실용화되면 현재의 컴퓨터로는 불가능한 복잡한 계산들을 수행할 수 있게 될 것입니다. 이는 신약 개발, 기후 변화 예측, 금융 모델링 등 다양한 분야에 혁명적인 변화를 가져올 수 있습니다. 예를 들어, 복잡한 분자 구조를 시뮬레이션하여 새로운 물질이나 약물을 설계하는 데 양자 컴퓨터가 큰 역할을 할 수 있습니다. 또한 양자 센서와 양자 이미징 기술의 발전으로 의료 진단이나 우주 탐사 등의 분야에서도 큰 진전이 있을 것으로 기대됩니다. 이를 통해 더 정밀한 뇌 스캔이나, 더 멀리 있는 외계 행성의 관측이 가능해질 수 있습니다.

양자역학은 미시 세계의 확률적 본질을 보여주는 이론입니다. 이는 우리의 일상적 경험과는 매우 다르지만, 자연의 가장 근본적인 작동 원리를 설명합니다. 양자역학은 우리에게 세계가 생각했던 것보다 훨씬 더 신비롭고 복잡하다는 것을 알려줍니다. 동시에 이 이론은 새로운 기술의 발전을 이끌어 우리의 삶을 변화시키고 있습니다. 앞으로도 양자역학은 과학과 기술의 발전, 그리고 우리의 세계관 형성에 큰 영향을 미칠 것입니다. 우리는 이 이론을 통해 자연의 신비를 조금씩 풀어가고 있으며, 동시에 우리가 아직 모르는 것이 얼마나 많은지도 깨닫게 됩니다. 양자역학은 우리에게 세계를 새로운 눈으로 바라볼 수 있는 기회를 제공하며, 앞으로도 계속해서 우리의 호기심을 자극하고 상상력을 확장시킬 것입니다.

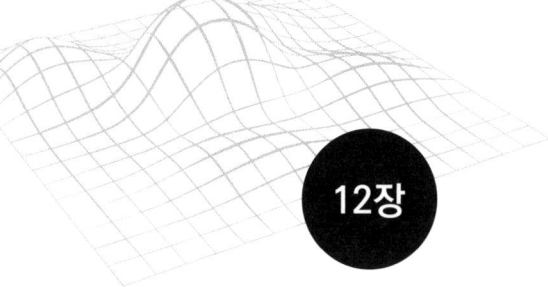

$E[aX+b] = aE[X]+b$

12장

생태계의 확률 모델

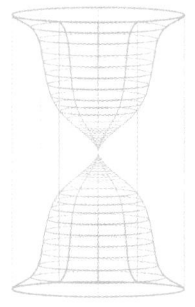

$Var(X) = E[X^2] - (E[X])^2$

생태계의 확률 모델

 우리를 둘러싼 자연 세계는 언뜻 보기에 무질서하고 예측하기 어려워 보입니다. 하지만 그 속에는 놀라운 질서와 패턴이 숨어 있습니다. 이러한 패턴을 이해하고 예측하는 데 확률 모델이 중요한 역할을 합니다. 생태계의 확률 모델은 복잡한 자연 현상을 수학적으로 표현하여 생태계의 변화를 이해하고 미래를 예측하는 데 도움을 줍니다. 이번 장에서는 생태계에 적용되는 다양한 확률 모델들을 살펴보고, 이들이 어떻게 자연을 이해하고 보전하는 데 기여하는지 알아보겠습니다.

 생태계에서 확률이 중요한 이유는 자연이 본질적으로 불확실성을 가지고 있기 때문입니다. 기상 조건의 변화, 질병의 발생, 자연재해 등은 모두 예측하기 어려운 확률적 사건들입니다. 또한 개체들의 출생, 사망, 이주 등도 개별적으로는 무작위적인 성격을 띱니다. 하지만 이런 무작위적 사건들이 모여서 만드는 전체적인 패턴은 수학적으로 예측 가능합니다.

먼저 포식자-피식자 관계의 확률론적 접근에 대해 알아보겠습니다. 여우와 토끼의 관계를 예로 들어볼까요? 여우의 수가 늘어나면 토끼의 수는 줄어들고, 토끼의 수가 줄어들면 여우의 먹이가 부족해져 여우의 수도 줄어듭니다. 이런 관계를 수학적으로 표현한 것이 로트카-볼테라 방정식Lotka-Volterra Equation입니다. 이 방정식은 1920년대에 비토 볼테라Vito Volterra와 알프레드 로트카Alfred Lotka가 독립적으로 개발한 것으로, 두 종 사이의 상호작용을 미분방정식으로 표현합니다.

이 방정식을 간단히 설명하면 다음과 같습니다:

- **토끼 개체수 변화**
= (토끼 자연증가) - (여우에게 잡혀 죽는 수)
- **여우 개체수 변화**
= (토끼 사냥 성공률×영양 공급) - (여우 자연사망)

수식으로 표현하면:

- 토끼: $dx/dt = ax - bxy$
- 여우: $dy/dt = -cy + dxy$

여기서 x는 토끼 수, y는 여우 수이고, a, b, c, d는 각각의 비율을 나타내는 상수입니다. 핵심은 xy라는 항목인데, 이는 토끼와 여우가 만날 확률을 의미합니다. 토끼가 많고 여우도 많을수록 만날 가능성이 높아지기 때문입니다.

하지만 고전적인 로트카-볼테라 방정식은 완전히 결정론적입니다. 초기 조건만 알면 미래의 개체수를 정확히 계산할 수 있다고 가정합니다. 하지만 실제 자연에서는 이렇게 단순한 관계만으로 모든 것을 설명할 수 없습니다. 갑작스러운 폭우로 토끼의 서식지가 파괴되거나, 질병이 발생해 여우 개체수가 급감하는 등의 우연적 요소가 항상 존재합니다.

이런 요소들을 모델에 반영하기 위해 확률적 접근이 필요합니다. 매년의 강수량을 생각해보겠습니다. 보통 해는 평균 정도의 비가 내리지만, 어떤 해는 많이 내리고 어떤 해는 적게 내립니다. 이런 패턴은 정규분포를 따릅니다. 비가 많이 내리면 풀이 무성해져서 토끼가 많이 번식하고, 가뭄이 들면 토끼 수가 줄어들겠죠. 이처럼 날씨의 불확실성이 개체수 변동에 영향을 미칩니다. 질병 발생은 또 다른 문제입니다. 전염병이 언제 발생할지는 아무도 모르지만, 과거 기록을 보면 대략적인 패턴은 있습니다. 마치 버스가 언제 올지는 정확히 모르지만 평균 대기시간은 알 수 있는 것과 같습니다. 이런 현상을 포아송 과정(일정 기간 동안 발생하는 사건의 횟수를 나타내는 확률 모델)으로 표현할 수 있습니다.

구체적으로 확률적 로트카-볼테라 모델에서는 개체수 변화를 두 부분으로 나누어 생각합니다.

· **예측 가능한 부분:**

"토끼가 많으면 여우도 늘어나고, 여우가 많아지면 토끼가 줄어든다"는 기본적인 관계입니다. 이는 어느 정도 예측할 수 있습니다.

· **예측 불가능한 부분:**

갑작스러운 자연재해, 질병, 기후 변화 등 언제 일어날지 모르는 무작위적인 사건들입니다.

이 부분은 마치 TV 화면의 지지직거리는 잡음(백색 잡음, White Noise)이나 물에 떨어뜨린 잉크 방울이 무작위로 퍼져나가는 현상(브라운 운동, Brownian Motion)처럼 완전히 예측할 수 없는 변동을 나타냅니다.

이 두 부분을 합쳐서 실제 개체수 변화를 더 현실적으로 예측할 수 있게 됩니다.

이런 확률적 모델의 필요성을 보여주는 실제 사례가 제주도 노루입니다. 1970년대 제주도에는 노루가 거의 멸종 위기에 처했습니다. 하지만 1980년대부터 보호 정책이 시행되면서 개체수가 급격히 증가했습니다. 1990년대에는 수백 마리에 불과했던 노루가 2000년대에는 수만 마리까지 늘어났습니다. 하지만 최근에는 오히려 개체수가 너무 많아져서 농작물 피해와 교통사고가 급증하고 있습니다. 이런 급격한 개체수 변동은 예측하기 어려웠고, 각 시기별 증가율과 최대 개체

수도 매번 달랐습니다. 이런 변동성을 설명하기 위해서는 확률적 접근이 필요합니다.

이러한 확률적 요소를 포함한 모델은 더 현실적인 예측을 가능하게 합니다. 예를 들어, "향후 10년간 여우 개체수가 현재의 절반 이하로 떨어질 확률은 얼마나 될까?" 와 같은 질문에 대답할 수 있게 됩니다. 이는 단순히 평균적인 추세를 예측하는 것보다 훨씬 더 유용한 정보를 제공합니다. 특히 멸종 위기종 보호나 생태계 관리 정책을 수립할 때, 이러한 확률적 예측은 매우 중요한 역할을 합니다.

다음으로 로버트 맥아더Robert MacArthur와 에드워드 윌슨Edward Wilson의 섬 생물지리학 이론Island Biogeography Theory에 대해 살펴보겠습니다. 1960년대에 발표된 이 이론은 섬의 생물다양성이 어떻게 결정되는지를 설명합니다. 맥아더와 윌슨은 섬의 면적이 클수록, 그리고 대륙에서 가까울수록 그 섬에 서식하는 종의 수가 많아진다는 사실을 발견했습니다. 이들은 이를 '종의 균형 이론Species Equilibrium Theory'으로 설명했는데, 새로운 종이 섬에 도착하는 속도(이민율)와 기존 종이 섬에서 사라지는 속도(멸종율) 사이의 균형에 의해 종의 수가 결정된다는 것입니다. 섬이 클수록 더 많은 개체를 지탱할 수 있어 멸종율이 낮아지고, 대륙에서 가까울수록 새로운 종의 이민율이 높아집니다.

이 이론에 확률적 요소를 추가하면 더욱 흥미로운 모델이 됩니다. 예를 들어, 새로운 종이 섬에 도착할 확률을 섬의 면적과 대륙과의 거리의 함수로 표현할 수 있습니다. 또한 각 종의 멸종 확률을 그 종의 개체수와 섬의 환경 조건의 함수로 모델링할 수 있습니다. 이렇게 하면 "100년 후에 이 섬에서 발견될 종의 수는 현재의 몇 퍼센트일까?" 와 같은 질문에 대한 확률적 예측이 가능해집니다. 종의 이민과 멸종을 각각 확률 과정으로 모델링할 수 있습니다.

이민 사건은 포아송 과정으로 모델링되는 경우가 많은데, 이는 종의 도착이 무작위적이고 독립적으로 일어난다고 가정하기 때문입니다. 멸종 사건도 마찬가지로 각 종에 대해 독립적인 확률 과정으로 표현됩니다. 이때 멸종 확률은 개체수에 반비례하는 경우가 많습니다. 개체수가 적을수록 우연한 사건으로 인한 멸종 위험이 높아지기 때문입니다.

이러한 확률적 섬 생물지리학 모델은 실제 보전 생물학에서 중요하게 활용됩니다. 예를 들어, 멸종 위기종을 보호하기 위해 자연 보호구역을 설정할 때, 얼마나 큰 면적이 필요한지, 보호구역들을 어떻게 배치해야 하는지 등을 결정하는 데 이 모델이 사용됩니다. 또한 파편화된 서식지를 연결하는 생태 통로의 효과를 예측하는 데도 이 모델이 활용됩니다.

개체군 동태의 확률적 모델링도 중요한 연구 분야입니다. 개체군 동태란 시간에 따른 특정 종의 개체수 변화를 의미합니다. 가장 단순한 모델은 출생률과 사망률이 일정하다고 가정하는 지수 성장 모델입니다. 하지만 실제 자연에서는 이런 단순한 모델로 설명하기 어려운 복잡한 변동이 일어납니다.

예를 들어, 어떤 멸종 위기종의 개체 수 변화를 예측한다고 해봅시다. 단순히 평균적인 출생률과 사망률만 고려하는 것이 아니라, 이러한 비율의 변동성과 환경의 불확실성을 확률 분포로 표현하면 더 현실적인 예측이 가능합니다. 예를 들어, 매년의 출생률을 평균과 표준편차가 있는 정규분포로 모델링할 수 있습니다. 또한 가뭄이나 홍수와 같은 극단적인 기후 사건의 발생을 포아송 과정으로 모델링하고, 이런 사건이 발생했을 때 개체수가 급감할 확률을 고려할 수 있습니다.

개체군 동태 모델에서 특히 중요한 것은 '환경적 확률성 Environmental Stochasticity'과 '인구통계학적 확률성 Demographic Stochasticity'의 구별입니다. 환경적 확률성은 날씨, 자연재해, 질병 등 외부 환경 요인의 무작위적 변동을 의미합니다. 인구통계학적 확률성은 개체 차원에서 일어나는 무작위적 사건들, 즉 개별 개체의 생존, 번식, 사망 등의 확률적 특성을 의미합니다. 대형 개체군에서는 환경적 확률성이 주요 변동 요인이 되지만, 소형 개체군에서는 인구통계학적 확률성이 더 중요한 역할을 합니다. 개체수가 적을수록 우연한 개체 사망이 전체 개체군에 미치는 영향이 크기 때문입니다. 이는 마치 동전을 적게 던질수록 앞면과 뒷면의 비율이 50:50에서 크게 벗어날 가능성이 높아지는 것과 같은 원리입니다.

이러한 확률적 개체군 동태 모델은 멸종 위험이 높은 종을 파악하고 보호 대책을 마련하는 데 매우 중요합니다. 예를 들어, "향후 50년 내에 이 종이 멸종될 확률은 얼마나 될까?"라는 질문에 대답할 수 있게 됩니다. 이는 한정된 자원으로 최대한의 보전 효과를 얻기 위해 어떤 종에 우선순위를 두어야 할지 결정하는 데 중요한 정보를 제공합니다.

멸종 위험 평가를 위한 확률 분석은 특히 중요합니다. 이를 위해 주로 사용되는 기법이 개체군 생존능력분석(Population Viability Analysis, PVA)입니다. PVA는 특정 종의 미래 생존 가능성을 확률적으로 예측하는 기법으로, 1980년대부터 보전생물학에서 널리 사용되어 왔습니다.

PVA의 대표적인 성공 사례 중 하나는 캘리포니아 콘도르 California Condor입니다. 1980년대 야생에서 겨우 27마리만 남았던 이 새는 PVA 분석을 통해 멸종 확률이 매우 높다는 것이 확인되었습니다. 이에 따라 모든 개체를 포획하여 인공 번식 프로그램을 시행했고, 현재는 500마리 이상으로 늘어났습니다.

PVA에는 다양한 위험 요소가 확률 변수로 포함됩니다. 유전적 다양성 감소로 인한 근친교배 우울증의 위험, 자연재해의 발생 확률과 그 영향, 서식지 파괴의 속도 등이 모델에 반영됩니다. 또한 종의 생태적 특성(예: 번식 연령, 한배새끼 수,

수명 등)과 환경 수용력 등도 고려됩니다.

PVA 모델에서는 각 개체의 생애사를 확률적으로 시뮬레이션합니다. 각 개체가 매년 생존할 확률, 번식할 확률, 낳을 새끼의 수 등을 확률 분포로 정의하고, 몬테카를로 시뮬레이션 Monte Carlo Simulation을 통해 수천 번의 가상 시나리오를 생성합니다. 이 모든 요소들을 종합적으로 고려하여 미래의 개체군 크기 변화를 시뮬레이션하고, 이를 바탕으로 멸종 확률을 계산합니다.

PVA의 결과는 보통 "100년 후에 이 종이 생존할 확률은 얼마나 될까?"와 같은 형태로 제시됩니다. 이는 정책 결정자들이 이해하기 쉽고, 보전 노력의 시급성을 잘 전달할 수 있는 형태입니다. 또한 PVA는 다양한 보전 전략의 효과를 비교하는 데도 사용됩니다. 서식지 보호, 개체 이주, 인공 번식 등 다양한 전략의 효과를 시뮬레이션하여 가장 효과적인 전략을 선택할 수 있습니다.

생태계 복원에서의 확률론적 의사결정도 주목받는 분야입니다. 생태계 복원이란 훼손된 생태계를 원래의 건강한 상태로 되돌리는 과정을 말합니다. 이 과정에서 많은 불확실성과 위험이 존재하기 때문에, 확률적 접근이 매우 유용합니다.

예를 들어, 훼손된 습지를 복원한다고 가정해봅시다. 어떤 식물을 심을지, 어떤 동물을 도입할지 결정할 때 각 선택지의 성공 확률을 고려해야 합니다. 또한 복원된 생태계가 안정화될 때까지의 시간도 확률 분포로 예측할 수 있습니다. 이러한 확률적 접근은 제한된 자원으로 최대의 효과를 얻을 수 있는 복원 전략을 수립하는 데 도움이 됩니다.

더 구체적인 사례로, 멸종 위기에 처한 따오기를 위해 서식지를 복원한다고 해봅시다.

이때 고려해야 할 확률적 요소들은 다음과 같습니다:

- **식생 정착 확률:**
  심은 식물이 잘 자랄 확률
- **목표 종 유치 확률:**
  복원된 서식지에 목표 조류가 찾아와 정착할 확률
- **개체군 성장 확률:**
  정착한 개체군이 안정적으로 성장할 확률
- **교란 사건 발생 확률:**
  홍수, 화재 등의 자연적 교란이 일어날 확률

한국에서 따오기 복원 사업이 실제로 진행되고 있습니다. 중국에서 들여온 따오기를 우포늪과 창녕 일대에 방사했지만, 성공률은 그리 높지 않았습니다. 방사된 개체 중 일부는 적응하지 못하고 사망했고, 일부는 다른 지역으로 이주했습니다. 이런 불확실성을 사전에 확률적으로 모델링했다면 더 효과적인 전략을 세울 수 있었을 것입니다.

이러한 요소들을 종합적으로 고려하여, "5년 후에 이 서식지에 50쌍 이상의 목표 종이 서식할 확률은 얼마나 될까?" 와 같은 질문에 답할 수 있습니다. 이런 확률적 예측은 복원 사업의 규모를 정하거나, 여러 후보지 중 가장 적합한 복원 대상지를 선정하는 데 중요한 근거가 됩니다.

 기후 변화가 생태계에 미치는 영향을 예측하는 데도 확률 모델이 중요한 역할을 합니다. 기후 변화 자체가 많은 불확실성을 포함하고 있기 때문에, 이에 따른 생태계 변화도 확률적으로 접근해야 합니다.

 백두산 고산식물들의 변화를 생각해보겠습니다. 지구 온난화로 평균 기온이 상승하면 고산식물들이 더 높은 곳으로 이동해야 합니다. 하지만 산의 정상에 가까워질수록 서식 가능한 면적은 줄어들고, 결국 일부 종은 멸종할 수밖에 없습니다. 이런 과정을 '산꼭대기 멸종 Mountain-top extinction'이라고 합니다.

 예를 들어, 평균 기온이 2도 상승할 때 특정 종의 서식 범위가 어떻게 변할지 예측한다고 해봅시다.

 이때 고려해야 할 확률적 요소들은 다음과 같습니다:

· **기온 상승의 불확실성:**

실제 기온 상승이 예측과 얼마나 다를지

· **종의 적응 능력:**

종이 새로운 기후에 얼마나 잘 적응할 수 있을지
- **생태계 상호작용의 변화:**

먹이사슬, 경쟁 관계 등이 어떻게 변할지
- **극단적 기후 사건의 빈도 변화:**

폭염, 가뭄 등의 발생 빈도가 어떻게 변할지

 기후 변화 모델에서는 '기후 시나리오'라는 개념을 사용합니다. 이는 미래의 온실가스 농도에 따른 여러 가능한 기후 변화 경로를 의미합니다. 각 시나리오마다 다른 확률이 부여되고, 이에 따라 생태계 변화의 확률 분포도 달라집니다. 대표농도경로(Representative Concentration Pathway, RCP) 시나리오가 그 예입니다. 이러한 요소들을 종합적으로 고려하여, "50년 후에 이 종의 서식 범위가 현재보다 30% 이상 줄어들 확률은 얼마나 될까?" 와 같은 질문에 답할 수 있습니다. 이런 확률적 예측은 기후 변화에 대비한 생물다양성 보전 정책을 수립하는 데 중요한 근거가 됩니다.

 침입종 Invasive Species 관리에서도 확률 모델이 중요하게 사용됩니다. 외래종이 새로운 환경에 정착할 확률, 확산 속도, 토착종에 미치는 영향 등을 확률적으로 예측할 수 있습니다. 한국에서 문제가 되고 있는 블루길(북미 원산 민물고기), 베스(북미 원산 민물고기), 뉴트리아(남미 원산 설치류) 등의 확산 패턴을 모델링하여 효과적인 관리 전략을 수립할 수 있습니다.

생태 네트워크 분석에서도 확률론이 활용됩니다. 생태 네트워크란 서로 다른 서식지가 생태통로로 연결된 구조를 말합니다. 각 서식지 간의 연결 확률, 동물이 이동할 확률, 유전자 흐름이 일어날 확률 등을 모델링하여 생태 네트워크의 효율성을 평가할 수 있습니다.

생태계의 확률 모델은 복잡한 수학적 이론을 바탕으로 하지만, 그 응용 범위는 매우 넓고 실용적입니다. 예를 들어, 어업 정책을 수립할 때 확률 모델을 사용하여 지속 가능한 어획량을 결정할 수 있습니다. 또한 외래종 유입의 위험성을 평가하거나, 야생동물 이동 통로의 효과를 예측하는 데도 활용됩니다.

그러나 생태계의 확률 모델에는 한계도 있습니다. 자연은 너무나 복잡하고 예측 불가능한 요소가 많기 때문입니다. 따라서 모델의 결과를 해석할 때는 항상 주의가 필요합니다. 모델은 완벽한 예측이 아니라 가능성 있는 시나리오를 제시하는 것이라고 이해해야 합니다. 모델의 불확실성을 줄이기 위해서는 지속적인 모니터링과 모델 개선이 필요합니다. 베이지안 접근법을 사용하면 새로운 관측 데이터가 들어올 때마다 모델의 예측을 업데이트할 수 있습니다. 이는 생태계 관리를 위한 적응적 관리Adaptive Management 전략의 기초가 됩니다.

앞으로 생태계의 확률 모델은 더욱 정교해질 것으로 예상됩니다. 빅데이터와 인공지능 기술의 발전으로 더 많은 데이터를 수집하고 분석할 수 있게 되었기 때문입니다. 예를 들어, 위성 이미지와 드론을 이용한 생태계 모니터링 데이터, 시민 과학자들이 수집한 방대한 양의 관찰 데이터 등을 활용하여 더 정확한 모델을 만들 수 있을 것입니다.

또한 생태계의 확률 모델은 다른 분야와의 융합을 통해 더욱 발전할 것으로 보입니다. 예를 들어, 경제학의 게임 이론을 도입하여 다양한 이해관계자들의 의사결정이 생태계에 미치는 영향을 모델링할 수 있습니다. 또한 복잡계 과학의 발전으로 생태계의 비선형적이고 창발적인 특성을 더 잘 반영할 수 있게 될 것입니다.

생태계의 확률 모델은 단순히 이론적인 연구에 그치지 않습니다. 이는 우리의 생존과 직결된 중요한 도구입니다. 기후 변화, 생물다양성 감소, 자원 고갈 등 인류가 직면한 많은 환경 문제들은 생태계에 대한 깊은 이해 없이는 해결할 수 없습니다. 확률 모델은 이러한 이해를 돕고, 더 나은 정책과 의사결정을 위한 과학적 근거를 제공합니다. 특히 지속가능발전목표(Sustainable Development Goals, SDGs) 달성을 위해서는 생태계의 확률적 특성을 이해하는 것이 필수적입니다. 생물다양성 보전, 지속가능한 자원 이용, 기후 변화 대응 등의 목표는 모두 생태계의 불확실성을 고려한 과학적 접근이 필요한 분야입니다.

우리는 자연의 일부이면서도 자연을 이해하고 예측하려는 노력을 멈추지 않습니다. 생태계의 확률 모델은 이러한 인간의 지적 호기심과 생존을 위한 필요성이 만난 결과물입니다. 앞으로도 이 분야는 계속 발전할 것이며, 우리에게 자연의 신비로운 패턴과 법칙을 조금씩 더 알려줄 것입니다. 그리고 이를 통해 우리는 자연과 더 조화롭게 공존하는 방법을 찾아갈 수 있을 것입니다.

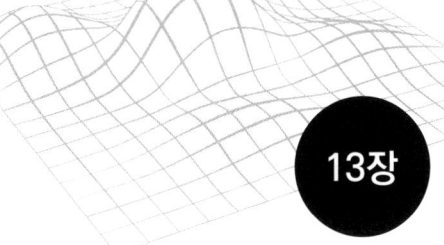

13장

뇌과학과 의사결정 이론

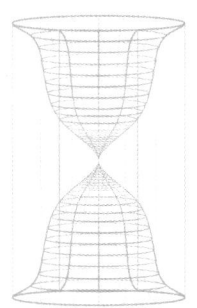

$Var(X) = E[X^2] - (E[X])^2$

뇌과학과 의사결정 이론

 우리의 뇌는 어떻게 정보를 처리하고 결정을 내릴까요? 이 질문은 오랫동안 과학자들을 매혹시켜왔습니다. 뇌과학과 의사결정 이론의 세계로 들어가 보면, 우리의 사고 과정이 얼마나 복잡하고 흥미로운지 알 수 있습니다. 이 장에서는 신경 신호 전달의 확률적 모델, 베이즈 두뇌 가설, 의사결정 과정의 확률론적 해석, 전망 이론, 중독 행동의 확률론적 모델, 그리고 뇌-컴퓨터 인터페이스의 확률적 알고리즘에 대해 자세히 알아보겠습니다.

 뇌과학 연구에서 발견된 흥미로운 현상이 있습니다. 연구진은 참가자들이 간단한 의사결정을 할 때 뇌파를 실시간으로 측정했습니다. 놀랍게도 참가자가 의식적으로 결정을 내리기 0.3초 전에 이미 뇌에서는 그 결정과 관련된 신호가 나타났습니다. 더욱 흥미로운 점은 이 신호가 완전히 결정적이지 않고 확률적이었다는 것입니다. 즉, 뇌는 여러 가능성을 동시에 고려하다가 점진적으로 하나의 선택으로 수렴해가는 과정을 보여줬습니다.

먼저, 신경 신호 전달의 확률적 모델에 대해 살펴보겠습니다. 우리 뇌의 기본 단위인 뉴런(신경세포)은 전기 신호를 통해 정보를 전달합니다. 하지만 이 과정은 생각보다 단순하지 않습니다. 뉴런이 신호를 보낼지 말지는 확률적으로 결정됩니다. 이는 마치 동전 던지기와 비슷하다고 생각해 볼 수 있습니다. 그러나 이 '동전'은 항상 공평하지 않고, 여러 요인에 의해 영향을 받습니다.

뉴런의 신호 전달 과정을 좀 더 구체적으로 살펴보겠습니다. 뉴런은 다른 뉴런들로부터 수십에서 수천 개의 신호를 동시에 받습니다. 이 신호들은 흥분성(뉴런을 활성화시키는)과 억제성(뉴런을 비활성화시키는) 두 종류가 있습니다. 뉴런은 이 모든 신호를 종합해서 자신이 다음 뉴런에게 신호를 보낼지 결정합니다. 이 과정에서 핵심적인 역할을 하는 것이 '역치Threshold'라는 개념입니다. 뉴런 내부의 전기적 신호가 특정 수준(역치)을 넘어서야 다음 뉴런으로 신호가 전달됩니다. 하지만 이 역치는 고정되어 있지 않습니다. 뉴런의 상태, 주변 환경, 심지어 시간에 따라서도 변화합니다. 이 때문에 같은 입력 신호를 받아도 뉴런이 반응할 확률이 달라집니다.

여러분이 커피를 마시고 있다고 가정해 봅시다. 카페인이 뇌에 영향을 미치면, 특정 뉴런들이 평소보다 더 활발하게 신호를 보내기 시작합니다. 이는 마치 동전의 한 면에 약간의 무게를 더한 것과 같습니다. 결과적으로, 이 뉴런들이 신호를 보낼 확률이 높아지는 것입니다. 반대로, 피곤할 때는 뉴런들이 신호를 보낼 확률이 낮아집니다. 이처럼 우리의 신체 상태, 감정, 주변 환경 등 다양한 요인들이 뉴런의 '동전 던지기'에 영향을 미칩니다.

더 흥미로운 것은 뉴런들 사이의 연결 강도도 확률적으로 변한다는 점입니다. 시냅스(뉴런 간 연결부위)에서 신경전달물질이 방출되는 양도 매번 다릅니다. 같은 뉴런에서 같은 강도의 신호를 보내도, 받는 뉴런에 전달되는 신호의 세기는 매번 조금씩 다릅니다. 이는 마치 전화 통화할 때 가끔 목소리가 잘 들리지 않는 것과 비슷합니다.

이러한 확률적 특성은 단순해 보이지만, 수십억 개의 뉴런이 서로 연결된 네트워크에서는 놀라운 복잡성을 만들어냅니다. 이는 마치 수많은 주사위를 동시에 던지는 것과 같습니다. 각 주사위의 결과는 예측하기 어렵지만, 전체적인 패턴은 일정한 규칙성을 가질 수 있습니다. 이러한 복잡성은 우리 뇌가 예측하기 어려운 환경에서도 효과적으로 기능할 수 있게 해주는 핵심입니다.

실제로 뇌과학자들은 이런 확률적 특성이 뇌의 '잡음'이 아니라 중요한 기능이라고 봅니다. 적당한 수준의 확률성은 뇌가 새로운 패턴을 발견하고 창의적인 해결책을 찾는 데 도움을 줍니다. 완전히 결정론적인 시스템이라면 항상 같은 입력에 같은 출력을 내놓겠지만, 확률적 시스템은 다양한 가능성을 탐색할 수 있습니다.

다음으로, 베이즈 두뇌 가설Bayesian Brain Hypothesis과 지각의 확률론에 대해 알아보겠습니다. 앞선 장에서 베이즈 추론의 기본 원리를 살펴봤다면, 이제는 이것이 뇌에서 어떻게 실제로 구현되는지 알아보겠습니다. 베이즈 두뇌 가설은 우리의 뇌가 세상을 이해하는 방식이 통계학의 베이즈 추론과 매우 유사하다는 이론입니다. 이 가설에 따르면, 뇌는 끊임없이 세상에 대한 '모델'을 만들고 새로운 정보에 따라 이를 업데이트합니다.

시각 인식을 예로 들어보겠습니다. 여러분이 어둠 속에서 어떤 물체를 보았다고 가정해 봅시다. 처음에는 그것이 고양이인지 작은 개인지 확실하지 않을 수 있습니다. 이때 여러분의 뇌는 과거의 경험을 바탕으로 각 가능성에 대한 초기 확률을 설정합니다. 만약 여러분이 고양이를 키우고 있다면, 고양이일 확률을 더 높게 설정할 것입니다.

뇌과학 연구에 따르면, 이런 '사전 확률Prior Probability' 설정은 뇌의 전전두엽에서 주로 이루어집니다. 이 부위는 과거 경험과 학습된 지식을 저장하고 있다가, 새로운 상황에서 이를 바탕으로 초기 예측을 만들어냅니다.

이제 그 물체가 '야옹'하고 울었다고 해봅시다. 이 새로운 정보(가능도, Likelihood)가 들어오면, 뇌는 즉시 그것이 고양이일 확률을 훨씬 더 높게 조정합니다. 이런 업데이트 과정은 뇌의 여러 부위에서 동시다발적으로 일어납니다. 청각피질에서는 소리 정보를 처리하고, 시각피질에서는 형태 정보를 처리하며, 이 모든 정보가 통합되어 최종적인 인식 결과가 만들어집니다. 흥미롭게도 이런 과정은 우리가 의식하지 못하는 사이에 일어납니다. fMRI(기능적 자기공명영상) 연구에 따르면, 우리가 어떤 물체를 '고양이'라고 인식하기 전에 이미 뇌에서는 수십 밀리초 동안 다양한 가능성을 검토하고 확률을 계산하는 과정이 진행됩니다.

이러한 베이즈 추론 과정은 우리의 일상 생활에서 끊임없이 일어나고 있습니다. 새로운 사람을 만날 때, 처음에는 그 사람에 대해 아는 것이 거의 없습니다. 하지만 첫인상, 옷차림, 말투 등의 정보를 종합해서 그 사람에 대한 초기 인상을 형성합니다. 그 후 대화를 나누고 행동을 관찰하면서, 우리는 그 사람에 대한 인상을 계속해서 업데이트합니다.

이 과정에서 가장 흥미로운 것은 예상과 다른 일이 일어났을 때입니다. 처음에는 조용해 보였던 사람이 갑자기 유머러스한 농담을 던지거나, 진중해 보였던 사람이 예상외로 가벼운 반응을 보일 때 우리는 "어? 이 사람이 이런 면도 있구나"라고 생각하게 됩니다. 바로 이때 뇌가 '예측 오류 Prediction Error'

에 특별히 민감하게 반응합니다. 예상과 다른 일이 일어나면, 뇌는 즉시 주의를 집중하고 그 사람에 대한 모델을 수정하려고 합니다. 도파민 뉴런이 바로 이런 예측 오류 신호를 전달하는 핵심적인 역할을 합니다.

의사결정 과정의 확률론적 해석도 매우 흥미롭습니다. 우리가 결정을 내릴 때, 뇌는 여러 가지 요소를 고려합니다. 각 선택지의 결과에 대한 예측, 그 결과의 가치, 그리고 그 결과가 일어날 확률 등을 종합적으로 평가합니다. 이 과정은 마치 복잡한 확률 계산을 하는 것과 비슷합니다. 뇌과학 연구에 따르면, 의사결정 과정은 크게 세 단계로 나뉩니다. 첫 번째는 옵션 생성 단계로, 가능한 선택지들을 찾아내는 과정입니다. 두 번째는 평가 단계로, 각 선택지의 가치를 계산하는 과정입니다. 세 번째는 선택 단계로, 최종적으로 하나의 옵션을 선택하는 과정입니다.

각 단계에서 확률적 계산이 이루어집니다. 예를 들어, 여러분이 중요한 시험을 앞두고 있다고 가정해 봅시다. 공부를 더 할지, 아니면 휴식을 취할지 결정해야 합니다. 이때 뇌는 다음과 같은 확률적 계산을 할 수 있습니다: 공부를 더 하면 시험 점수가 얼마나 오를까? 휴식을 취하면 컨디션이 얼마나 좋아질까? 각각의 선택이 최종 결과에 미칠 영향은 무엇일까? 이러한 복잡한 계산을 순식간에 처리하여 결정을 내리는 것입니다.

이런 계산 과정에서 뇌는 '탐험 vs 활용Exploration vs Exploitation' 딜레마도 고려합니다. 익숙한 선택(활용)을 할지, 아니면 새로운 가능성(탐험)을 시도할지 결정하는 것입니다. 젊은 뇌는 탐험을 선호하는 경향이 있고, 나이가 들수록 활용을 선호하게 됩니다. 이는 뇌의 도파민 시스템 변화와 관련이 있습니다.

다니엘 카너먼Daniel Kahneman과 아모스 트버스키Amos Tversky의 전망 이론Prospect Theory은 이러한 의사결정 과정에 대해 더 깊은 이해를 제공합니다. 이들의 연구에 따르면, 우리는 이득과 손실을 대칭적으로 평가하지 않습니다. 일반적으로 사람들은 같은 크기의 이득보다 손실에 더 민감하게 반응합니다. 1만원을 잃는 것이 1만원을 얻는 것보다 더 큰 심리적 영향을 줍니다.

이를 실험으로 증명하기 위해, 카너먼과 트버스키는 다음과 같은 실험을 진행했습니다. 참가자들에게 두 가지 선택지를 제시했습니다: A) 확실히 1만원을 얻는다. B) 50%의 확률로 2만원을 얻고, 50%의 확률로 아무것도 얻지 못한다. 대부분의 참가자들은 A를 선택했습니다. 그런데 이번에는 손실 상황을 제시했습니다: C) 확실히 1만원을 잃는다. D) 50%의 확률로 2만원을 잃고, 50%의 확률로 아무것도 잃지 않는다. 이번에는 대부분의 참가자들이 D를 선택했습니다.

이 실험 결과는 매우 흥미롭습니다. 왜냐하면 A와 B, C와 D는 수학적으로 동일한 기대값을 가지고 있기 때문입니다. 하지만 사람들은 이득 상황에서는 확실한 것을 선호하고, 손실 상황에서는 위험을 감수하려는 경향을 보입니다.

뇌과학 연구는 이런 현상의 신경학적 기초를 밝혀냈습니다. 이득과 손실은 뇌의 서로 다른 영역에서 처리됩니다. 이득은 주로 보상회로(복측 선조체 등)에서 처리되고, 손실은 주로 편도체와 전방 대상피질에서 처리됩니다. 더 중요한 것은 손실을 처리하는 영역이 이득을 처리하는 영역보다 더 강하게 반응한다는 점입니다. 이것이 바로 '손실 회피Loss Aversion' 현상의 신경학적 기초입니다.

이런 손실 회피 현상과 관련해서 프레이밍 효과Framing Effect도 중요한 발견입니다. 같은 내용이라도 어떻게 표현하느냐에 따라 뇌의 반응이 완전히 달라집니다. 병원에서 의사가 "이 수술의 성공률은 90%입니다"라고 말할 때와 "이 수술의 실패율은 10%입니다"라고 말할 때를 생각해보세요. 수학적으로는 동일한 의미지만, 우리 뇌는 이를 전혀 다르게 받아들입니다.

뇌영상 연구에 따르면, "90% 성공률"이라는 긍정적 표현을 들을 때는 이성적 사고를 담당하는 전전두엽이 더 활발해집니다. 반면 "10% 실패율"이라는 부정적 표현을 들을 때는 감정과 위험을 감지하는 편도체가 더 강하게 반응합니다. 같은 정보인데도 뇌가 처리하는 경로가 달라지는 것입니다. 이런 현상은 개인차가 있지만, 일반적으로 손실이나 위험과 관련된 부정적 프레이밍에 더 민감하게 반응하는 경향이 있습니다. 특히 사회적 평가나 타인의 시선을 의식하는 상황에서는 이런 효과가 더욱 증폭될 수 있습니다. "실패하면 어떻게 하지?"라는 걱정이 손실에 대한 두려움을 더욱 크게 만드는 것입니다. 이런 심리적 부담감이 뇌의 편도체를 더 강하게 자극해서 손실을 실제보다 더 크게 느끼게 만듭니다.

중독 행동의 확률론적 모델은 또 다른 흥미로운 주제입니다. 중독은 단순히 의지력의 문제가 아니라, 뇌의 보상 시스템이 비정상적으로 작동하는 것과 관련이 있습니다. 중독성 물질이나 행동은 뇌의 보상 회로를 강하게 자극하여, 그 행동을 반복할 확률을 비정상적으로 높입니다. 예를 들어, 도박 중독자의 경우, 도박을 하는 것이 재정적으로 불리하다는 것을 알면서도 계속해서 도박을 선택하게 됩니다. 이는 도박이 주는 즉각적인 보상(흥분, 기대감 등)이 뇌의 보상 회로를 강하게 자극하여, 다른 선택지들의 가치를 상대적으로 낮춰버리기 때문입니다. 도파민 시스템이 이 과정의 핵심입니다. 정상적인 상황에서 도파민은 예상보다 좋은 결과가 나왔을 때 분비됩니다. 하지만 중독성 물질은 이 시스템을 직접 자극해서 도파민을 대량 분비시킵니다. 이는 마치 주사위의 한 면에 강력한 자석을 붙여 놓은 것과 같습니다. 던질 때마다 그 면이 나올 확률이 매우 높아지는 것처럼, 중독된 사람의 뇌는 특정 행동을 선택할 확률이 지나치게 높아집니다.

게임 중독의 경우를 생각해보겠습니다. 온라인 게임의 보상 시스템은 '가변비율 강화스케줄Variable Ratio Reinforcement'을 사용합니다. 이는 카지노의 슬롯머신과 같은 원리로, 언제 보상이 나올지 예측할 수 없게 만드는 시스템입니다. 이런 불확실성이 오히려 도파민 분비를 더 강하게 자극합니다. 뇌과학 연구에 따르면, 게임 중독자의 뇌는 게임을 하지 않을 때도 지속적으로 게임과 관련된 신호에 반응합니다. 게임 아이템 소리만 들어도 즉시 보상회로가 활성화됩니다. 이는 뇌가 게임과 관련된 자극에 과도하게 민감해졌음을 의미합니다.

치료 과정에서도 확률적 접근이 사용됩니다. 인지행동치료에서는 중독 행동의 확률을 점진적으로 낮추는 것을 목표로 합니다. 완전히 끊는 것이 아니라, 매일 조금씩 그 행동을 할 확률을 줄여나가는 방식입니다. 이는 뇌의 가소성(변화 가능성)을 활용한 방법입니다.

마지막으로, 뇌-컴퓨터 인터페이스(Brain-Computer Interface, BCI)의 확률적 알고리즘에 대해 알아보겠습니다. 이 기술은 뇌의 신경 신호를 직접 읽어 컴퓨터나 기계를 제어하는 것을 목표로 합니다. 하지만 앞서 설명했듯이, 뇌의 신경 신호는 확률적 성질을 가지고 있어 정확히 예측하기 어렵습니다. 예를 들어, 마비 환자가 로봇 팔을 움직이려고 할 때, 시스템은 수많은 뉴런의 활동 패턴을 분석합니다. 이때 각 뉴런의 신호를 확률 변수로 취급하고, 이들의 복잡한 상호작용을 고려하여 환자의 의도를 추정합니다. 이는 마치 수천 개의 동전을 동시에 던져서 그 결과로부터 특정한 패턴을 찾아내는 것과 비슷합니다.

구체적으로는 머신러닝 알고리즘이 사용됩니다. 시스템은 수천 번의 학습을 통해 특정한 뉴런 활동 패턴이 특정한 동작 의도와 연결된다는 것을 학습합니다. 하지만 이 연결은 100% 확실하지 않고, 통계적 확률로 표현됩니다. "이런 패턴이 나타나면 80% 확률로 팔을 움직이려는 의도"라는 식으로 해석하는 것입니다. 칼만 필터Kalman Filter라는 확률적 알고리즘이 자주 사용됩니다. 이 알고리즘은 이전 시점의 정보와 현재 관측된 신호를 조합해서 가장 가능성 높은 의도를 추정합니다. 마치 날씨 예보에서 과거 데이터와 현재 관측값을 조합하는 것과 비슷한 방식입니다.

최근에는 딥러닝 기술도 활용되고 있습니다. 초기의 뇌-컴퓨터 인터페이스는 "지금 이 순간" 환자가 무엇을 하고 싶어하는지만 알 수 있었습니다. 하지만 실제 일상생활에서는 "컵을 들어서 물을 마시고 다시 내려놓는다"처럼 여러 동작이 연결된 복잡한 행동을 해야 합니다. 이 문제를 해결하기 위해 특히 순환신경망(RNN)과 주의집중 메커니즘Attention Mechanism을 사용해서 시간에 따른 뉴런 활동 패턴을 분석합니다. 즉,

시간의 흐름을 기억할 수 있는 인공지능이 사용됩니다. 마치 사람이 방금 전에 무엇을 했는지 기억하면서 다음에 할 행동을 결정하는 것처럼, 이 인공지능도 이전의 뇌 신호들을 기억하면서 환자의 의도를 파악합니다. 또한 중요한 신호에 더 집중하는 능력도 있어서, 잡음이 많은 뇌 신호 중에서 정말 필요한 정보만 골라낼 수 있습니다. 이를 통해 단순한 동작 의도뿐만 아니라 복잡한 순차적 행동도 예측할 수 있게 되었습니다.

 이러한 뇌과학과 의사결정 이론의 발전은 우리 삶에 큰 영향을 미칠 수 있습니다. 예를 들어, 신경 마케팅 분야에서는 소비자의 뇌 활동을 분석하여 더 효과적인 광고 전략을 개발하고 있습니다. 교육 분야에서는 학생들의 학습 과정을 더 잘 이해하고 개인화된 교육 방법을 개발하는 데 이러한 이론들이 활용될 수 있습니다. 뇌과학 연구에 따르면, 개인마다 최적의 학습 방법이 다릅니다. 어떤 사람은 시각적 정보를 더 잘 처리하고, 어떤 사람은 청각적 정보를 더 잘 처리합니다. 이런 개인차를 반영한 맞춤형 교육이 가능해질 것입니다.

 의료 분야에서는 정신 질환의 진단과 치료에 새로운 접근법을 제시할 수 있습니다. 우울증, 조현병, ADHD 등의 질환은 모두 뇌의 확률적 신호 처리에 문제가 있는 것으로 알려져 있습니다. 이를 정량적으로 측정하고 치료할 수 있는 방법이 개발되고 있습니다.

또한, 인공지능 분야에서도 이러한 연구 결과들이 큰 영향을 미치고 있습니다. 인간의 뇌를 모델로 한 새로운 형태의 인공 신경망이 개발되고 있으며, 이는 기존의 딥러닝 기술보다 더 효율적이고 유연한 학습 능력을 보여줄 것으로 기대됩니다. 예를 들어, 인간의 뇌가 적은 수의 예시만으로도 새로운 개념을 학습할 수 있는 것처럼, 이러한 새로운 인공 신경망도 적은 양의 데이터로도 효과적인 학습이 가능할 수 있습니다. 스파이킹 신경망 Spiking Neural Network이 그 예입니다. 기존의 인공 신경망이 연속적인 값을 사용하는 반면, 스파이킹 신경망은 실제 뉴런처럼 불연속적인 신호(스파이크)를 사용합니다. 이는 더 적은 에너지로도 효율적인 계산이 가능하게 합니다.

하지만 이러한 발전이 윤리적 문제를 제기할 수 있다는 점도 명심해야 합니다. 예를 들어, 뇌-컴퓨터 인터페이스 기술이 발전하면 개인의 사고나 의도를 외부에서 읽을 수 있게 될 수도 있습니다. 이는 프라이버시와 개인의 자유에 대한 새로운 도전이 될 수 있습니다. 따라서 이러한 기술의 발전과 함께 그에 걸맞은 윤리적 가이드라인과 법적 규제도 함께 발전해야 할 것입니다.

뇌과학과 의사결정 이론은 우리가 생각하고 결정을 내리는 과정에 대한 깊은 이해를 제공합니다. 이는 단순히 이론적인 연구에 그치지 않고, 우리의 일상생활과 사회 전반에 큰 영향을 미칠 수 있는 중요한 분야입니다. 앞으로 이 분야의 발전이 우리의 삶을 어떻게 변화시킬지, 그리고 우리가 그 변화에 어떻게 대응해 나갈지 지켜보는 것도 매우 흥미로울 것입니다.

 이 장에서 우리는 뇌의 작동 방식과 의사결정 과정에 대한 확률론적 접근을 살펴보았습니다. 신경 신호 전달의 확률적 특성, 베이즈 추론을 통한 세상 이해, 의사결정의 복잡한 확률 계산, 이득과 손실에 대한 비대칭적 반응, 중독의 확률론적 모델, 그리고 뇌-컴퓨터 인터페이스의 확률적 알고리즘 등 다양한 주제를 다루었습니다. 이러한 이론들은 우리가 자신과 세상을 이해하는 방식을 크게 바꿀 수 있는 잠재력을 가지고 있습니다.

 앞으로 이 분야의 연구가 더욱 발전하면, 우리는 인간의 행동과 의사결정을 더 정확히 예측하고 이해할 수 있게 될 것입니다. 이는 교육, 의료, 경제, 정치 등 다양한 분야에서 혁신적인 변화를 가져올 수 있습니다. 동시에 이러한 발전이 가져올 수 있는 윤리적, 사회적 문제에 대해서도 깊이 있는 논의가 필요할 것입니다. 우리의 뇌와 의사결정 과정에 대한 이해가 깊어질수록, 우리는 더 나은 선택을 할 수 있는 능력을 갖추게 될 것입니다. 그리고 이는 궁극적으로 우리 사회와 개인의 삶의 질을 향상시키는 데 기여할 수 있을 것입니다.

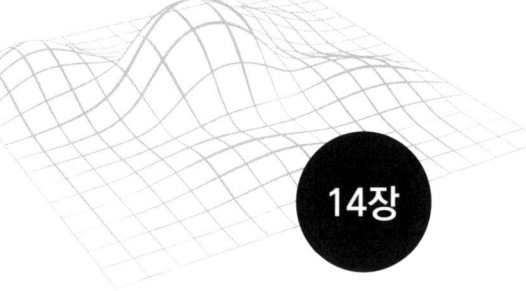

$E[aX+b] = a \cdot E[X] + b$

14장

인공지능과 기계학습

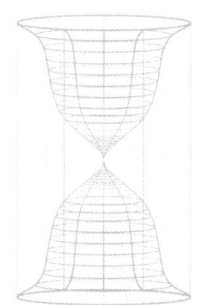

$Var(X) = E[X^2] - (E[X])^2$

인공지능과 기계학습

인공지능(AI, Artificial Intelligence)과 기계학습Machine Learning은 현대 기술 혁명의 중심에 있는 분야로, 우리의 일상생활부터 산업 전반에 이르기까지 광범위한 영향을 미치고 있습니다. 이 흥미진진한 분야의 핵심 개념들을 살펴보고, 확률론이 어떻게 AI와 기계학습의 근간을 이루는지 알아보겠습니다.

2016년 3월, 구글의 인공지능 알파고AlphaGo가 세계 최강의 바둑 기사 이세돌과의 대결에서 4승 1패로 승리했습니다. 이 사건은 전 세계에 큰 충격을 주었습니다. 바둑은 경우의 수가 우주의 원자 개수보다도 많다고 알려진 게임입니다. 알파고가 어떻게 이런 복잡한 게임에서 승리할 수 있었을까요? 비밀은 바로 확률론적 사고에 있었습니다. 알파고는 각 수가 승리로 이어질 확률을 계산하고, 가장 승률이 높은 수를 선택하는 방식으로 게임을 진행했습니다.

먼저, 기계학습에서의 확률론적 접근법에 대해 이야기해 보겠습니다. 기계학습이란 컴퓨터가 명시적인 프로그래밍 없이도 데이터로부터 학습하여 성능을 향상시키는 능력을 말합니다. 이는 마치 인간이 경험을 통해 학습하는 것과 유사한 개념입니다. 예를 들어, 아이가 처음에는 개와 고양이를 구별하지 못하다가 여러 동물을 보면서 점차 그 차이를 인식하게 되는 것처럼, 기계학습 알고리즘도 많은 데이터를 접하면서 패턴을 인식하고 결정을 내리는 법을 배웁니다.

 기계학습의 핵심은 불확실성을 다루는 것입니다. 실제 세계의 데이터는 항상 완벽하지 않습니다. 측정 오차, 누락된 정보, 노이즈 등이 존재하기 마련입니다. 이런 불완전한 정보로부터 의미 있는 패턴을 찾아내고 미래를 예측하는 것이 기계학습의 목표입니다. 이 과정에서 확률론은 핵심적인 역할을 합니다. 이메일 스팸 필터를 생각해봅시다. 스팸 필터는 각 단어가 스팸 메일에 나타날 확률과 정상 메일에 나타날 확률을 계산하여 새로운 메일이 스팸인지 아닌지를 판단합니다. "당첨"이라는 단어는 스팸 메일에서 자주 나타나지만, "회의"라는 단어는 정상 메일에서 더 자주 나타날 것입니다. 필터는 이러한 확률을 바탕으로 메일의 성격을 추정합니다.

 하지만 여기서 중요한 점은 어떤 단어도 100% 확실한 판단 기준이 될 수 없다는 것입니다. "당첨"이라는 단어가 들어간 메일이라도 정상적인 이벤트 알림일 수 있습니다. 따라서 여러 단어의 확률을 종합적으로 고려해야 하고, 이는 전형적인 확률론적 의사결정 과정입니다.

이러한 확률론적 접근법 중 가장 대표적인 방법 중 하나가 나이브 베이즈 분류기Naive Bayes Classifier입니다. '나이브(순진한)'라는 이름이 붙은 이유는 이 방법이 각 특성이 독립적이라는 다소 '순진한' 가정을 하기 때문입니다. 스팸 메일 분류에서 "무료"와 "당첨"이라는 단어가 동시에 나타날 확률이 각각의 단어가 독립적으로 나타날 확률의 곱과 같다고 가정합니다. 이러한 단순화된 가정은 때로는 현실을 정확히 반영하지 못할 수 있지만, 계산의 효율성과 실용성 측면에서 큰 강점을 가집니다.

하지만 이런 단순함에도 불구하고, 나이브 베이즈 분류기는 텍스트 분류, 스팸 탐지, 감정 분석 등 다양한 분야에서 놀라울 정도로 좋은 성능을 보여줍니다. 이는 마치 복잡한 현실 세계를 단순화된 모델로 설명하려는 과학의 노력과 비슷합니다. 모든 세부 사항을 다 고려할 수는 없지만, 주요한 특징만으로도 충분히 유용한 결과를 얻을 수 있다는 것입니다.

나이브 베이즈 분류기에서 가장 혁신적인 점은 증분 학습Incremental Learning이 가능하다는 것입니다. 새로운 메일이 들어올 때마다 모든 데이터를 다시 처리할 필요 없이, 새로운 정보만으로 기존 모델을 업데이트할 수 있습니다. 네이버나 다음 같은 포털 사이트의 실시간 검색어 시스템이 좋은 예입니다. 사용자들이 검색하는 키워드를 실시간으로 분석해서 트렌드를 파악하는데, 이때 나이브 베이즈 같은 확률 모델이 사용됩니다. 특정 키워드가 급상승하는 것이 일시적인 현상인지, 실제 관심사의 변화인지를 확률적으로 판단하는 것입니다. 카카오톡의 번역 기능에서 어떤 언어인지 자동으로 감지하는 시스템도 나이브 베이즈를 기반으로 합니다. 각 언어별로 특정 문자나 단어 패턴이 나타날 확률을 계산해서 가장 가능성 높은 언어를 추정하는 방식입니다.

다음으로, 마르코프 체인Markov Chain과 자연어 처리에 대해 알아보겠습니다. 마르코프 체인은 러시아의 수학자 안드레이 마르코프Andrey Markov가 개발한 확률 과정의 한 종류로, 현재 상태가 과거의 모든 상태가 아닌 직전 상태에만 의존한다는 특성을 가집니다. 이는 복잡한 시스템을 단순화하여 모델링하는 강력한 방법입니다.

마르코프 체인의 개념을 일상적인 예로 설명해보겠습니다. 여러분의 하루 일과를 생각해보세요. 아침에 일어나서 무엇을 할지는 주로 전날 밤에 무엇을 했는지에 따라 결정됩니다. 밤늦게까지 공부했다면 다음날 아침에 늦잠을 잘 확률이 높고, 일찍 잤다면 아침 운동을 할 확률이 높을 것입니다. 이처럼 현재의 상태가 직전 상태에 크게 영향을 받는 시스템을 마르코프 체인으로 모델링할 수 있습니다.

이 간단한 아이디어가 자연어 처리에서 큰 역할을 합니다. 예를 들어, 문장을 생성할 때 각 단어의 선택이 직전 단어에만 의존한다고 가정하면, 우리는 마르코프 체인을 이용해 그럴듯한 문장을 만들어낼 수 있습니다. "나는 학교에 갔다"라는 문장에서 "나는" 다음에 올 수 있는 단어들의 확률, "학교에" 다음에 올 수 있는 단어들의 확률 등을 계산하여 문장을 만들어가는 것입니다.

한국어 처리에서 마르코프 체인이 특히 유용한 이유는 한국어의 교착어적 특성 때문입니다. 한국어는 어근에 다양한 어미가 붙어서 의미가 결정되는데, 이전 음절이 다음 음절의 가능성을 크게 제약합니다. "안녕하"라는 음절 뒤에는 "세요", "십니까" 같은 특정 어미들만 올 수 있습니다. 이런 패턴을 마르코프 체인으로 학습하면 자연스러운 한국어 문장을 생성할 수 있습니다. 실제로 초기 한글 입력기의 자동완성 기능이 이런 원리를 사용했습니다. 사용자가 "안녕"까지 입력하면 다음에 올 가능성이 높은 "하세요"를 추천하는 방식입니다. 현재의 스마트폰 키보드 예측 기능도 이를 더 정교하게 발전시킨 것입니다.

물론 실제 언어는 이보다 훨씬 복잡합니다. 우리가 말을 할 때는 단순히 이전 단어만을 고려하는 것이 아니라 전체적인 문맥, 의도, 문법 규칙 등을 모두 고려합니다. 그럼에도 불구하고, 이 단순한 모델도 놀라울 정도로 자연스러운 텍스트를 생성할 수 있습니다. 이는 언어의 구조적 특성과 확률론적 모델링의 힘을 보여주는 좋은 예입니다.

마르코프 체인의 개념은 검색 엔진의 페이지 랭크 알고리즘, 음성 인식, 기계 번역 등 다양한 자연어 처리 기술의 기초가 되었습니다. 예를 들어, 구글 번역기의 초기 버전이 이런 통계적 기계번역Statistical Machine Translation 방식을 사용했습니다. 대량의 번역 데이터를 학습하여 한 언어에서 다른 언어로의 전이 확률을 계산합니다. "I love you"라는 영어 문장을 한국어로 번역할 때, "나는 너를 사랑해"라는 번역이 가장 높은 확률을 가질 것입니다. 이 과정에서 마르코프 체인과 유사한 확률 모델이 사용됩니다.

하지만 이런 방식의 한계도 명확했습니다. 언어의 의미를 제대로 이해하지 못하고 단순히 통계적 패턴만 따라가다 보니, 때로는 문법적으로는 맞지만 의미상으로는 이상한 번역이 나오곤 했습니다. 이런 문제를 해결하기 위해 등장한 것이 바로 신경망 기반의 접근법입니다.

신경망Neural Network은 인간의 뇌를 모방한 학습 알고리즘으로, 최근 딥러닝Deep Learning의 성공과 함께 크게 주목받고 있습니다. 신경망은 입력층, 은닉층, 출력층으로 구성된 인공 뉴런들의 네트워크입니다. 각 뉴런은 이전 층의 여러 뉴런으로부터 입력을 받아 가중합을 계산하고, 이를 활성화 함수에 통과시켜 다음 층으로 출력을 보냅니다.

흔히 신경망을 결정론적 모델로 생각하기 쉽지만, 사실 이는 확률론적으로 해석할 수 있습니다. 신경망의 각 뉴런은 입력값들의 가중합에 활성화 함수를 적용하여 출력값을 내놓는데, 이 과정을 확률분포의 관점에서 바라볼 수 있습니다. 예를 들어, 분류 문제에서 신경망의 마지막 층은 각 클래스에 속할 확률을 출력합니다.

구체적인 예를 들어보겠습니다. 손글씨 숫자 인식 문제를 생각해봅시다. 신경망에 숫자 이미지를 입력으로 넣으면, 출력층의 각 뉴런은 해당 이미지가 0부터 9까지의 각 숫자일 확률을 나타냅니다. 이는 소프트맥스 함수Softmax Function를 통해 이루어지는데, 이 함수는 입력값들을 확률 분포로 변환해줍니다. 입력 이미지가 숫자 3을 나타낸다면, 3에 해당하는 출력 뉴런이 가장 높은 확률값을 가지게 될 것입니다. 소프트맥스 함수는 여러 개의 실수 값을 입력받아서 각각을 0과 1 사이의 값으로 변환하되, 모든 출력값의 합이 1이 되도록 만듭니다. 이는 마치 여러 개의 주사위를 동시에 던져서 각 면이 나올 확률을 계산하는 것과 비슷합니다. 각 주사위 면의 확률은 0과 1 사이의 값이고, 모든 면의 확률을 합하면 1이 됩니다.

또한, 신경망의 학습 과정인 역전파 알고리즘Backpropagation도 확률론적 관점에서 해석할 수 있습니다. 이는 최대 우도 추정 Maximum Likelihood Estimation이라는 통계적 방법과 밀접한 관련이 있습니다. 최대 우도 추정은 주어진 데이터를 가장 잘 설명하는 모델 파라미터를 찾는 방법입니다. 신경망 학습에서는 실제 데이터에 대한 네트워크의 출력이 정답과 가능한 한 가깝도록 가중치를 조정하는데, 이는 결국 데이터의 확률을 최대화하는 과정으로 볼 수 있습니다.

드롭아웃Dropout이라는 정규화 기법도 흥미로운 확률론적 해석을 가집니다. 학습 과정에서 일정 확률로 뉴런을 무작위로 제거하는 이 기법은, 네트워크가 특정 뉴런에 과도하게 의존하는 것을 방지합니다. 이는 마치 팀 프로젝트에서 한 사람에게만 의존하지 않고 여러 사람이 역할을 분담하는 것과 비슷합니다. 무작위성을 도입함으로써 더 견고하고 일반화 성능이 좋은 모델을 만들 수 있습니다.

더 나아가, 베이지안 신경망Bayesian Neural Network이라는 개념도 있습니다. 이는 신경망의 가중치를 고정된 값이 아닌 확률 분포로 표현합니다. 일반적인 신경망에서는 각 가중치가 하나의 특정한 값을 가지지만, 베이지안 신경망에서는 각 가중치가 확률 분포를 가집니다. 이를 통해 모델의 불확실성을 더 잘 표현할 수 있으며, 과적합을 방지하는 데도 도움이 됩니다.

예를 들어, 의료 진단 시스템을 생각해봅시다. 일반적인 신경망은 환자의 증상을 입력받아 특정 질병의 유무를 바로 판단할 것입니다. 반면 베이지안 신경망은 질병의 확률과 함께 그 판단에 대한 신뢰도도 제공할 수 있습니다. "이 환자는 90% 확률로 폐렴이며, 이 진단에 대한 신뢰도는 80%입니다"와 같은 결과를 줄 수 있는 것입니다. 이는 의사의 판단을 돕는 데 더욱 유용할 수 있습니다.

베이지안 신경망은 의료 진단, 자율주행 차량 등 높은 신뢰성이 요구되는 분야에서 특히 유용할 수 있습니다. 예를 들어, 자율주행 차량이 도로 위의 물체를 식별할 때, 단순히 "저것은 사람이다"라고 판단하는 것보다 "저것은 80% 확률로 사람이며, 이 판단에 대한 확신은 95%이다"라고 판단하는 것이 더 안전한 의사결정을 가능하게 할 것입니다. 한국의 자율주행 기술 개발에서도 이런 불확실성 정량화가 중요한 이슈가 되고 있습니다. 자율주행 시스템은 단순히 "장애물이 있다/없다"를 판단하는 것이 아니라, 각 판단에 대한 신뢰도까지 함께 계산합니다. 신뢰도가 낮을 때는 운전자에게 제어권을 넘기거나 더 보수적인 운전을 하도록 설계됩니다.

다음으로, 강화학습Reinforcement Learning에서의 확률적 의사결정에 대해 알아보겠습니다. 강화학습은 에이전트가 환경과 상호작용하면서 시행착오를 통해 최적의 행동 정책을 학습하는 방법입니다. 이는 마치 어린아이가 걸음마를 배우는 과정과 유사합니다. 아이는 처음에는 넘어지기도 하지만, 점차 균형을 잡는 법을 배우고 결국 자연스럽게 걷게 됩니다. 이 과정에서 아이는 특정 동작이 넘어짐(부정적 보상)으로 이어지는지, 안정적인 걸음(긍정적 보상)으로 이어지는지를 학습합니다.

이 과정에서 확률론은 매우 중요한 역할을 합니다. 마르코프 결정 과정(MDP, Markov Decision Process)이라는 수학적 프레임워크는 강화학습의 이론적 기초를 제공합니다. MDP에서는 현재 상태와 행동이 주어졌을 때 다음 상태로의 전이와 보상이 확률적으로 결정됩니다. 이는 실제 세계의 불확실성을 모델링하는 데 적합합니다.

강화학습의 대표적인 알고리즘인 Q-학습Q-Learning은 각 상태-행동 쌍의 가치(Q-값)를 추정합니다. 여기서 Q-값은 특정 상태에서 특정 행동을 취했을 때 기대되는 미래 보상의 총합을 의미합니다. 이 과정에서 탐험exploration과 활용exploitation 사이의 균형이 중요한데, 이는 본질적으로 확률적 결정입니다.

예를 들어, 입실론-탐욕 정책Epsilon-Greedy Policy은 대부분의 경우 최선의 행동을 선택하지만, 작은 확률(입실론)로 무작위 행동을 선택합니다. 이를 통해 에이전트는 새로운 가능성을 탐험하면서도 동시에 알고 있는 최선의 전략을 활용할 수 있습니다. 이는 마치 레스토랑을 고를 때 우리가 하는 선택과 비슷합니다. 대부분의 경우 우리는 좋아하는 단골 레스토랑을 선택하지만(활용), 가끔은 새로운 레스토랑을 시도해봅니다(탐험). 이를 통해 우리는 더 좋은 레스토랑을 발견할 기회를 가질 수 있습니다.

 알파고의 성공 비결도 바로 이런 확률적 접근에 있었습니다. 알파고는 몬테카를로 트리 탐색Monte Carlo Tree Search이라는 방법을 사용해서 수많은 가능한 게임 진행 상황을 시뮬레이션했습니다. 각 수에 대해 무작위로 게임을 끝까지 진행해보고, 그 결과를 바탕으로 승률을 계산했습니다. 이는 마치 수천 번의 가상 게임을 통해 미래를 예측하는 것과 같습니다.

 특히 게임 분야에서 강화학습 기술 활용의 흥미로운 사례들이 있습니다. 넥슨의 '카트라이더'에서는 AI가 수백만 번의 가상 레이스를 통해 최적의 주행 경로를 학습합니다. AI는 각 코너에서 드리프트를 할 확률, 아이템을 사용할 타이밍의 확률을 계산해서 인간 플레이어와 비슷한 수준의 경주를 펼칩니다. 카카오게임즈의 모바일 퍼즐게임들도 강화학습을 활용합니다. AI가 수십만 명의 플레이어 데이터를 학습해서 각 스테이지를 클리어할 확률을 계산하고, 그에 따라 힌트를 제공하거나 아이템을 추천하는 타이밍을 결정합니다. "이 플레이어는 3번 더 시도하면 70% 확률로 성공할 것 같으니 힌트를 주지 말자" 또는 "5번 연속 실패했으니 90% 확률로 도움이 필요할 것이다"라는 식으로 판단하는 것입니다.

 다중 슬롯머신 문제Multi-Armed Bandit Problem는 강화학습에서 탐험-활용 딜레마를 설명하는 고전적인 예제입니다. 여러 개의 슬롯머신이 있는데 각각 다른 당첨 확률을 가지고 있다고 가정합니다. 하지만 플레이어는 각 기계의 정확한 당첨 확률을 모릅니다. 이때 최대한 많은 돈을 따기 위해서는 어떤 전략을 써야 할까요? 너무 탐험만 하면 좋은 기계를 발견해도 충분히 활용하지 못하고, 너무 활용만 하면 더 좋은 기계를 놓칠 수 있습니다. 이 문제의 해결책 중 하나가 상한 신뢰구간Upper Confidence Bound 알고리즘입니다. 이 방법은 각 선택지에 대해 기대값과 불확실성을 모두 고려합니다. 기대값이 높거나 불확실성이 큰 선택지를 우선적으로 선택하는 것입니다. 이는 확률론과 통계학의 신뢰구간 개념을 강화학습에 적용한 예입니다.

마지막으로, 앨런 튜링Alan Turing의 기계 지능 테스트와 확률에 대해 이야기해 보겠습니다. 1950년, 영국의 수학자이자 컴퓨터 과학의 선구자인 앨런 튜링은 "기계는 생각할 수 있는가?"라는 질문에 대한 대안으로 이후 튜링 테스트Turing Test로 알려진 방법을 제안했습니다. 이 테스트에서 인간 심사관은 컴퓨터와 다른 인간을 구별하려고 시도합니다. 만약 컴퓨터가 일정 비율 이상의 심사관들을 속일 수 있다면, 그 컴퓨터는 테스트를 통과했다고 봅니다.

여기서 주목할 점은 튜링이 이 테스트를 확률적으로 정의했다는 것입니다. 그는 컴퓨터가 모든 심사관을 속여야 한다고 하지 않았습니다. 대신, 컴퓨터가 인간만큼 자주 심사관을 속일 수 있다면 충분하다고 보았습니다. 이는 지능을 이분법적인 것이 아닌 연속적이고 확률적인 개념으로 바라보는 시각을 제시한 것입니다.

이러한 확률적 접근은 오늘날 AI의 성능을 평가하는 방식에도 영향을 미치고 있습니다. 예를 들어, 이미지 분류 AI의 성능을 평가할 때 우리는 "이 AI가 모든 이미지를 정확히 분류할 수 있는가?"라고 묻지 않습니다. 대신 "이 AI가 얼마나 높은 비율로 이미지를 정확히 분류하는가?"를 묻습니다. 90%의 정확도를 가진 AI가 80%의 정확도를 가진 AI보다 더 '지능적'이라고 판단하는 것입니다.

현재 AI 연구에서 사용되는 벤치마크들도 모두 이런 확률적 평가 방식을 따릅니다. ImageNet 이미지 분류 대회, GLUE 자연어 이해 벤치마크, BLEU 기계번역 평가 등은 모두 정확도, F1 점수, BLEU 점수 같은 확률적 지표를 사용합니다. ChatGPT나 GPT-4 같은 대화형 AI의 평가에서도 이런 확률적 접근이 중요합니다. 이들 시스템은 사용자의 질문에 대해 "올바른" 답변을 생성할 확률을 최대화하도록 훈련됩니다. 하지만 무엇이 "올바른" 답변인지는 주관적이고 맥락에 따라 달라질 수 있습니다. 따라서 여러 평가자가 AI의 답변을 평가하고, 그 결과를 통계적으로 분석하는 방법이 사용됩니다.

흥미롭게도, 최근에는 역방향 튜링 테스트라는 개념도 등장했습니다. 이는 AI가 인간을 속이는 것이 아니라, 인간이 AI를 구별할 수 있는지를 테스트하는 것입니다. 딥페이크 영상이나 AI가 생성한 텍스트를 인간이 얼마나 잘 구별할 수 있는지를 측정하는 것입니다. 이 역시 확률적 평가 방식을 사용합니다.

이처럼 인공지능과 기계학습의 세계는 확률론과 깊이 연결되어 있습니다. 단순한 나이브 베이즈 분류기부터 복잡한 신경망과 강화학습 알고리즘에 이르기까지, 확률적 사고는 이 분야의 근간을 이루고 있습니다. 이는 우리가 살아가는 세계의 불확실성을 다루는 가장 효과적인 방법이 확률론적 접근이기 때문입니다.

앞으로 AI 기술이 더욱 발전하면서, 우리는 더 정교하고 강력한 확률 모델을 만나게 될 것입니다. 동시에 이는 우리에게 AI의 결정을 어떻게 해석하고, 그 불확실성을 어떻게 다룰 것인지에 대한 새로운 과제를 던져줄 것입니다. 예를 들어, 자율주행 차량이 사고를 일으켰을 때, 그 결정 과정에서의 확률적 요소들을 어떻게 평가하고 책임을 할당할 것인지에 대한 윤리적, 법적 문제가 제기될 수 있습니다.

또한, AI의 결정이 우리 삶의 중요한 부분들(대출 승인, 채용 결정 등)에 영향을 미치게 되면서, AI의 확률적 판단을 어떻게 받아들이고 활용할 것인지에 대한 사회적 합의가 필요할 것입니다. 100% 확실한 결정은 없다는 것을 인정하면서도, 동시에 AI의 결정이 공정하고 투명하며 설명 가능해야 한다는 요구가 커질 것입니다. 설명 가능한 AI Explainable AI라는 분야도 이런 맥락에서 중요해지고 있습니다. AI가 내린 판단의 근거를 확률적으로 설명하는 기술입니다. "이 환자가 당뇨병일 확률이 85%인 이유는 혈당 수치(40% 기여), 나이(25% 기여), 체중(20% 기여) 때문입니다"와 같은 식으로 설명하는 것입니다.

결론적으로, AI와 확률론의 이 흥미진진한 춤은 앞으로도 계속될 것이며, 우리의 삶과 사회를 더욱 큰 폭으로 변화시킬 것입니다. 이 변화의 물결을 올바르게 타기 위해서는 확률론적 사고에 대한 이해가 필수적입니다. 우리는 불확실성을 두려워하지 않고, 오히려 그것을 이해하고 활용하는 법을 배워야 합니다. 그것이 바로 AI 시대를 살아가는 우리에게 주어진 과제이자 기회일 것입니다.

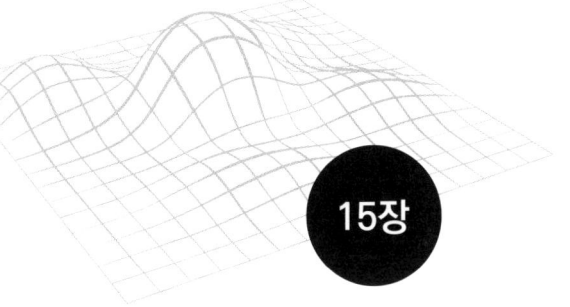

15장

암호학과 난수의 세계

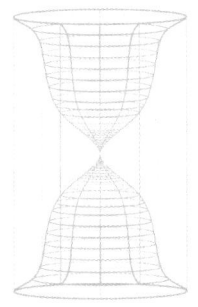

암호학과 난수의 세계

우리는 매일 숫자와 마주치며 살아갑니다. 핸드폰 비밀번호를 입력하고, 인터넷 뱅킹으로 돈을 이체하며, 온라인으로 물건을 구매합니다. 이 모든 과정에서 우리의 개인 정보와 자산을 보호하는 것은 바로 암호입니다. 그런데 이 암호의 세계에서 가장 중요한 개념 중 하나가 바로 '난수Random Number'입니다. 난수란 무엇일까요? 간단히 말해, 예측할 수 없는 임의의 숫자를 말합니다. 하지만 이 '예측할 수 없음'이라는 특성이 현대 암호학의 근간을 이루고 있습니다.

2014년 한국에서 일어난 대규모 개인정보 유출 사건을 기억하시나요? 신용카드 3사에서 1억 명이 넘는 개인정보가 유출되었습니다. 이 사건의 근본 원인 중 하나는 약한 암호화 방식이었습니다. 만약 더 강력한 난수 기반 암호화가 사용되었다면 피해를 크게 줄일 수 있었을 것입니다. 이처럼 난수는 우리의 일상생활과 직결된 보안의 핵심입니다.

암호학에서 확률론이 중요한 이유는 바로 이 난수와 깊은 관련이 있습니다. 완벽한 암호는 완벽한 난수를 필요로 합니다. 왜냐하면 암호를 풀려는 사람이 어떤 패턴도 발견할 수 없어야 하기 때문입니다. 예를 들어, 여러분이 '1234'라는 비밀번호를 사용한다면, 이는 쉽게 예측될 수 있습니다. 하지만 '7294'와 같은 무작위 숫자를 사용한다면 예측하기가 훨씬 어려워집니다. 이것이 바로 난수의 힘입니다.

 하지만 진짜 문제는 '무작위'라는 것이 생각보다 만들어내기 어렵다는 점입니다. 인간은 본능적으로 패턴을 만들어내는 존재입니다. "무작위로 숫자를 하나 말해보세요"라고 하면 많은 사람들이 7을 선택합니다. 또한 연속된 같은 숫자를 피하려고 합니다. 예를 들어 동전을 던져서 앞앞앞이 나왔다면, 다음에는 뒷면이 나올 것 같다고 생각하죠. 하지만 실제로는 다음 번에도 앞면이 나올 확률은 여전히 50%입니다.

 그렇다면 이런 난수는 어떻게 만들어낼 수 있을까요? 가장 원시적인 방법은 주사위를 던지는 것입니다. 주사위의 각 면이 나올 확률은 1/6로 동일하며, 이전에 어떤 숫자가 나왔는지와 상관없이 매번 독립적인 결과를 얻을 수 있습니다. 이는 확률론의 기본 원리와 일치합니다. 하지만 현실에서 매번 주사위를 던져 암호를 만들 수는 없겠죠. 그래서 컴퓨터를 이용해 난수를 생성합니다.

컴퓨터가 생성하는 난수는 사실 '의사난수Pseudo-random Number'라고 부릅니다. 의사난수는 완벽하게 무작위한 수가 아니라, 특정한 알고리즘을 통해 만들어진 수입니다. 이 알고리즘은 매우 복잡해서 결과를 예측하기 어렵지만, 이론적으로는 가능합니다.

선형 합동 생성기Linear Congruential Generator라는 간단한 의사난수 생성 알고리즘이 있습니다. 이 알고리즘은 $X(n+1) = (aX(n) + c) \mod m$ 이라는 수식을 사용하여 난수를 생성합니다. 여기서 a, c, m은 상수이고, $X(n)$은 n번째 생성된 난수입니다.

구체적인 예를 들어보겠습니다.

a=7, c=5, m=11, 그리고 시작값 X(0)=3이라고 해봅시다.
그러면:
$X(1) = (7 \times 3 + 5) \mod 11 = 26 \mod 11 = 4$
$X(2) = (7 \times 4 + 5) \mod 11 = 33 \mod 11 = 0$
$X(3) = (7 \times 0 + 5) \mod 11 = 5 \mod 11 = 5$

이런 식으로 3, 4, 0, 5, 7, 10, 9, 2, 8, 6, 1, 3... 의 수열이 나옵니다. 결국 처음 값 3으로 돌아오면서 주기가 반복됩니다. 이 방식은 간단하지만, 적절한 상수를 선택하면 꽤 긴 주기의 의사난수를 생성할 수 있습니다.

하지만 이런 알고리즘의 문제점은 결정론적이라는 것입니다. 같은 시작값과 상수를 사용하면 항상 같은 수열이 나옵니다. 또한 충분한 데이터가 있으면 패턴을 분석해서 다음 값을 예측할 수도 있습니다. 실제로 1990년대에 어떤 카지노에서 사용하던 난수 생성기의 패턴을 분석해서 룰렛 결과를 예측한 사례도 있었습니다.

그래서 더 안전한 암호를 위해 물리적 현상을 이용한 '진정한 난수 생성기True Random Number Generator'를 개발하려는 노력이 계속되고 있습니다. 예를 들어, 대기 중의 잡음이나 방사성 원소의 붕괴와 같은 예측 불가능한 자연 현상을 이용하는 것입니다. 또한, 하드디스크의 미세한 진동, 키보드를 누르는 타이밍의 미묘한 차이, 마우스 움직임의 불규칙성, 심지어 CPU의 열 잡음까지도 난수 생성에 활용됩니다. 이러한 방법들은 양자역학적 불확정성을 이용하여 진정한 의미의 무작위성을 얻을 수 있습니다.

이제 우리는 이렇게 생성된 난수를 어떻게 암호화에 사용하는지 알아보겠습니다. 현대 암호학의 대표적인 예로 RSA 암호화 시스템을 들 수 있습니다. RSA는 1977년 론 리베스트Ron Rivest, 아디 샤미르Adi Shamir, 레너드 아들먼Leonard Adleman이 개발한 공개키 암호 시스템입니다. RSA의 안전성은 큰 수를 소인수분해하는 것이 매우 어렵다는 수학적 사실에 기반합니다. RSA 시스템의 작동 원리를 간단히 설명해보겠습니다. RSA의 핵심 아이디어는 "곱셈은 쉽지만 나눗셈은 어렵다"는 수학적 특성을 이용하는 것입니다.

· 1단계

두 개의 큰 소수 선택 먼저 두 개의 큰 소수 p와 q를 무작위로 선택합니다. 소수란 1과 자기 자신으로만 나누어지는 수입니다. 간단한 예로 p=3, q=11이라고 해봅시다.

· 2단계

공개 정보 계산 이 두 수를 곱합니다:

n = p × q = 3 × 11 = 33 이 숫자 33은 나중에 공개키의 일부가 됩니다.

· 3단계

공개키의 나머지 부분 만들기

(p-1) × (q-1) = 2 × 10 = 20을 계산합니다.

이제 20과 서로소인 수 e를 선택합니다. 서로소란 공통 약수가 1뿐인 관계를 말합니다. e=7이라고 해봅시다.

공개키는 (n, e) = (33, 7)이 됩니다.

· 4단계

비밀키 만들기 비밀키 d는 다음 조건을 만족해야 합니다:

e × d를 20으로 나눈 나머지가 1이어야 함

$7 \times d \equiv 1 \pmod{20}$을 만족하는 d를 찾으면 d=3입니다.

(확인: 7 × 3 = 21, 21을 20으로 나눈 나머지는 1)

- **5단계**

암호화와 해독 메시지 M을 암호화:

C = M^e mod n = M^7 mod 33

암호문 C를 해독: M = C^d mod n = C^3 mod 33

예를 들어, 메시지가 숫자 2라면:

- **암호화:** 2^7 mod 33 = 128 mod 33 = 29
- **해독:** 29^3 mod 33 = 24389 mod 33 = 2 (원래 메시지 복구!)

실제로는 p와 q가 수백 자리의 거대한 소수이므로, n을 p와 q로 나누는 것이 현실적으로 불가능합니다.

이를 실생활 비유로 설명하면, 공개키는 누구나 볼 수 있는 열쇠구멍 같은 것입니다. 누구든지 이 구멍에 편지를 넣을 수 있지만, 꺼낼 수 있는 것은 비밀키(진짜 열쇠)를 가진 사람뿐입니다. 두 개의 큰 소수를 곱하는 것은 쉽지만, 그 곱을 다시 원래의 두 소수로 나누는 것은 매우 어렵다는 수학적 특성을 이용한 것입니다.

이 과정에서 난수는 p와 q를 선택할 때 중요한 역할을 합니다. 만약 이 수들이 예측 가능하다면, 암호는 쉽게 해독될 수 있습니다. 예를 들어, 누군가가 항상 작은 소수부터 순서대로 선택한다면(2, 3, 5, 7, 11...) 암호를 푸는 것이 훨씬 쉬워집니다. 따라서 RSA의 안전성은 큰 소수를 무작위로 선택하는 능력에 크게 의존합니다.

하지만 RSA에도 확률론적 약점이 있습니다. 소수 정리Prime Number Theorem에 따르면, 자연수 n 근처에서 소수가 나타날 확률은 대략 $1/\ln(n)$입니다. 즉, 소수는 숫자가 커질수록 점점 드물어집니다. 마치 넓은 들판에서 보물을 찾는 것과 같습니다. 들판이 넓어질수록(숫자가 커질수록) 보물(소수)을 찾기가 더 어려워지죠. 1부터 100 사이에는 25개의 소수가 있지만, 1,000,000부터 1,000,100 사이에는 단 2개의 소수만 있습니다. 이처럼 큰 숫자 영역에서는 소수가 매우 드물게 분포되어 있습니다.

여기서 문제가 생깁니다. RSA 키를 만들 때 컴퓨터는 특정 범위에서 소수를 찾기 위해 여러 번 시도해야 합니다. 똑똑한 공격자라면 "아, 이 정도 크기의 소수를 찾으려면 대략 이 정도 시도가 필요하겠구나"라고 추측할 수 있습니다. 또한 많은 사람들이 비슷한 방법으로 소수를 생성한다면, 우연히 같은 소수를 선택할 가능성도 있습니다. 만약 두 사람이 같은 소수를 사용한다면, 그들의 RSA 키는 서로 연관성이 생기게 되어 보안에 취약해질 수 있습니다.

따라서, RSA의 안전성은 수학적으로 증명되어 있지만, 이것이 완벽하다는 뜻은 아닙니다. 컴퓨터의 연산 능력이 발전함에 따라 더 큰 수를 더 빠르게 소인수분해할 수 있게 되었고, 이는 RSA의 안전성에 위협이 됩니다. 예를 들어, 1999년에는 512비트 RSA 키의 모듈러스가, 2009년에는 768비트 키의 모듈러스가 소인수분해되었습니다.

현재는 2048비트 이상의 키를 사용하는 것이 권장되고 있습니다. 한국의 금융권에서는 더욱 보수적입니다. 국내 은행들은 대부분 3072비트 이상의 RSA 키를 사용하고 있으며, 일부는 이미 4096비트로 전환했습니다.

디피-헬만 키 교환Diffie-Hellman Key Exchange 알고리즘도 흥미로운 확률론적 특성을 가집니다. 1976년 휫필드 디피Whitfield Diffie와 마틴 헬만Martin Hellman이 개발한 이 방법은 두 사람이 공개된 통신로를 통해 비밀키를 만들어내는 놀라운 방법입니다. 이를 색깔 비유로 설명해보겠습니다. 철수와 영희가 각각 비밀 색깔을 가지고 있다고 합시다. 공개된 기본 색깔(노란색)에 각자의 비밀 색깔을 섞어서 상대방에게 보냅니다. 철수는 노란색+빨간색(주황색)을 보내고, 영희는 노란색+파란색(초록색)을 보냅니다. 이제 각자 받은 색깔에 자신의 비밀 색깔을 다시 섞으면 같은 색깔이 나옵니다. 도청자는 주황색과 초록색만 보고는 최종 색깔을 알 수 없습니다. 실제로는 색깔 대신 수학적 연산을 사용하는데, 이 과정에서도 난수가 중요한 역할을 합니다. 각자의 비밀 숫자를 무작위로 선택해야 하고, 사용되는 소수도 난수 생성기를 통해 선택됩니다.

해시 함수Hash Function도 암호학에서 중요한 역할을 하며, 확률론과 밀접한 관련이 있습니다. 해시 함수는 임의의 길이의 데이터를 고정된 길이의 해시값으로 변환하는 함수입니다. 좋은 해시 함수는 '눈사태 효과Avalanche Effect'를 가져야 합니다. 입력이 조금만 바뀌어도 출력이 완전히 달라지는 특성입니다. 예를 들어, "hello"를 SHA-256 해시 함수에 넣으면 "2cf24dba4f21d4288094c…"이라는 값이 나오고, "Hello"(첫 글자만 대문자)를 넣으면 "185f8db32271fe25f561a…"라는 완전히 다른 값이 나옵니다. 단 한 글자의 차이인데도 결과가 완전히 달라지는 것입니다. 이런 특성 때문에 해시 함수는 확률론적 관점에서 분석됩니다. 좋은 해시 함수라면 각 비트가 0이 될 확률과 1이 될 확률이 정확히 50%씩이이야 합니다. 또한 서로 다른 입력에 대해 같은 해시값이 나올 확률(충돌 확률)이 매우 낮아야 합니다.

하지만 RSA든 해시 함수든 지금까지 살펴본 모든 암호 기술들은 공통된 한계를 가지고 있습니다. 바로 계산 복잡도에만 의존한다는 점입니다. 즉, "지금 당장은 계산하기 어렵지만, 컴퓨터가 더 발전하면 언젠가는 풀릴 수 있다"는 가정 하에 안전성이 보장됩니다. 실제로 양자 컴퓨터가 등장하면 기존의 많은 암호들이 무력화될 것으로 예상됩니다. 이러한 근본적인 한계를 극복하기 위해 등장한 것이 바로 양자 암호

Quantum Cryptography입니다. 양자 암호는 양자역학의 원리를 이용해 이론적으로 완벽한 안전성을 제공합니다. 양자 암호의 핵심 아이디어는 양자 상태의 관측이 상태를 변화시킨다는 양자역학의 기본 원리를 이용하는 것입니다. 이를 통해 도청 시도 자체를 탐지할 수 있습니다.

양자 암호의 대표적인 예로 BB84 프로토콜을 들 수 있습니다. 이 프로토콜은 1984년 찰스 베넷Charles Bennett과 질 브라사드Gilles Brassard가 제안했습니다. 아주 약한 빛의 신호를 이용해 두 사람이 비밀 정보를 안전하게 나누는 방식입니다. BB84 프로토콜에서는 단일 광자의 편광 상태를 이용하여 정보를 전송합니다. 즉, 정보를 보낼 때는 빛의 방향을 조금씩 바꿔서 암호를 만들어 보내고, 받는 사람은 무작위로 방향을 맞춰서 그 신호를 읽습니다. 이후 두 사람은 서로 어떤 방식으로 신호를 보냈고 읽었는지 공개적으로 비교한 뒤, 방식이 일치한 경우에만 그 내용을 비밀 키로 사용합니다. 만약 도청자가 중간에 광자를 가로채서 측정하려고 한다면, 양자역학의 원리에 의해 광자의 상태가 변화합니다. 이 때문에 송신자와 수신자가 나중에 일부 비트를 공개적으로 비교해보면 오류율이 증가한 것을 발견할 수 있고, 이를 통해 도청을 탐지할 수 있습니다.

그러나 양자 암호 기술은 아직 실용화 단계에 이르지 못했습니다. 현재의 기술로는 장거리 통신에 적용하기 어렵고, 장비도 매우 고가입니다. 예를 들어, 2017년 중국은 세계 최초로 1,200km 거리의 양자 통신 실험에 성공했지만, 이는 여전히 실험실 수준의 기술입니다. 그래서 많은 연구자들이 이 문제를 해결하기 위해 노력하고 있으며, 머지않아 양자 암호가 우리의 일상생활에서 사용될 날이 올 것으로 기대됩니다. 2019년 한국과학기술원KAIST과 KT는 세계 최초로 상용 양자암호 통신망을 구축했습니다. 서울-대전 구간 180km를 연결하는 이 네트워크는 정부기관과 금융기관의 보안 통신에 시험 운용되고 있습니다. 하지만 아직은 거리의 제한과 높은 비용 때문에 대중화되기까지는 시간이 걸릴 것 같습니다.

한편, 최근에는 블록체인Blockchain 기술이 새로운 형태의 암호화 방식으로 주목받고 있습니다. 블록체인은 분산 원장 기술을 기반으로 하며, 이 역시 확률론과 깊은 관련이 있습니다. 블록체인에서 각 '블록'은 이전 블록의 해시값을 포함하고 있어, 하나의 블록을 변조하려면 그 이후의 모든 블록을 변조해야 합니다. 이는 확률적으로 거의 불가능한 일이며, 이것이 블록체인의 안전성을 보장합니다. 블록체인에서도 난수 생성은 중요한 역할을 합니다. 예를 들어, 비트코인의 채굴 과정에서는 특정 조건을 만족하는 해시값을 찾기 위해 무작위로 숫자를 대입합니다. 이 과정은 본질적으로 확률적이며, 채굴의 난이도를 조절함으로써 새로운 블록이 일정한 간격으로 생성되도록 합니다.

블록체인 기술의 또 다른 중요한 측면은 '합의 알고리즘 Consensus Algorithm'입니다. 가장 널리 알려진 합의 알고리즘인 '작업 증명 Proof of Work'은 본질적으로 확률적 과정입니다. 채굴자들은 특정 조건을 만족하는 해시값을 찾기 위해 무작위로 숫자 nonce를 대입합니다. 이 과정은 마치 대규모 복권 추첨과 같아서, 연산능력이 높을수록 '당첨' 확률이 높아집니다.

한국의 암호화폐 거래소들도 이런 확률적 특성을 잘 이해하고 있습니다. 업비트나 빗썸 같은 거래소에서는 블록 생성 시간의 변동성을 고려해서 입출금 확인 시간을 설정합니다. 비트코인의 경우 평균 10분마다 블록이 생성되지만, 확률적 변동으로 인해 때로는 1분 만에, 때로는 1시간 넘게 걸리기도 합니다. 최근에는 작업 증명의 에너지 소비 문제를 해결하기 위해 '지분 증명 Proof of Stake' 같은 대안이 제시되고 있습니다. 지분 증명에서는 연산능력 대신 보유한 코인의 양에 비례해서 블록을 생성할 확률이 결정됩니다. 이 역시 본질적으로 확률적 과정이지만, 에너지 소비는 훨씬 적습니다.

카카오페이나 삼성페이 같은 모바일 결제 서비스도 이런 확률론적 암호화 기술을 사용합니다. 결제할 때마다 새로운 가상카드번호를 생성하는 토큰화 Tokenization 기술은 난수 생성에 크게 의존합니다. 또한 생체인증(지문, 홍채) 과정에서도 확률론적 매칭 알고리즘이 사용됩니다. 완전히 똑같은 지문은 존재하지 않으므로, 저장된 지문과 현재 지문의 유사도를 확률적으로 계산해서 본인 여부를 판단합니다. 이처럼 암호학과 난수의 세계는 우리의 일상생활과 밀접하게 연결되어 있습니다. 우리가 안전하게 인터넷을 사용하고, 개인정보를 보호하며, 전자 상거래를 할 수 있는 것은 모두 이러한 기술 덕분입니다. 그리고 이 모든 것의 기반에는 확률론이 있습니다.

마지막으로, 정보 이론의 아버지로 불리는 클로드 섀넌의 업적을 언급하지 않을 수 없습니다. 섀넌은 1948년 발표한 논문 "통신의 수학적 이론A Mathematical Theory of Communication"에서 정보를 수학적으로 정의하고, 통신 채널의 용량을 계산하는 방법을 제시했습니다. 그의 이론은 현대 통신 기술의 기초가 되었을 뿐만 아니라, 암호학에도 큰 영향을 미쳤습니다.

섀넌은 특히 완벽하게 안전한 암호 시스템이 갖춰야 할 조건을 수학적으로 설명했는데, 이는 지금도 가장 안전하다고 알려진 '원타임 패드One-Time Pad' 암호 방식의 이론적 기반이 되었습니다. 원타임 패드는 메시지와 같은 길이의 완전히 무작위인 비밀 키를 사용해 메시지를 암호화하는 방식입니다. 원타임 패드의 작동 원리는 놀랍도록 간단합니다. 메시지의 각 비트와 키의 각 비트를 XOR 연산(배타적 논리합)하면 됩니다. 즉, 메시지의 각 글자와 키의 각 글자를 하나씩 짝지어 서로 비교하고, 두 값을 더하거나 빼는 것과 비슷한 방식으로 암호화합니다. 예를 들어 메시지가 "HELLO"이고 키가 "XMCKL"이라면, 각 글자를 숫자로 바꾸고 간단한 계산을 통해 암호문을 만들 수 있습니다. 해독할 때는 암호문과 같은 키를 다시 계산하면 원래 메시지를 그대로 복원할 수 있습니다. 이처럼 원타임 패드는 원리도 단순하면서, 키만 절대적으로 안전하게 보관할 수 있다면 절대 해독할 수 없는 완벽한 보안성을 갖춘 암호 방식입니다.

샤넌의 업적은 확률론과 정보 이론, 그리고 암호학이 얼마나 밀접하게 연관되어 있는지를 보여줍니다. 그의 이론은 학문적인 것에 그치지 않고, 우리의 일상생활에 직접적인 영향을 미치고 있습니다. 여러분이 스마트폰으로 메시지를 주고받을 때, 그 안에는 샤넌의 이론이 적용되어 있다고 해도 과언이 아닙니다.

앞으로 기술이 더욱 발전함에 따라, 암호학과 난수의 중요성은 더욱 커질 것입니다. 양자 컴퓨터의 등장으로 기존의 암호 체계가 위협받고 있지만, 동시에 양자 암호라는 새로운 가능성도 열리고 있습니다. 또한 인공지능과 빅데이터 시대에 개인정보 보호의 중요성이 더욱 부각되면서, 더 안전하고 효율적인 암호화 기술에 대한 수요가 증가할 것입니다. 동형암호Homomorphic Encryption라는 새로운 기술도 주목받고 있습니다. 이 기술은 암호화된 데이터를 해독하지 않고도 연산을 수행할 수 있게 해줍니다. 예를 들어, 병원에서 환자의 의료 데이터를 암호화해서 클라우드에 저장하고, 암호화된 상태 그대로 통계 분석을 수행할 수 있습니다. 이 과정에서도 난수는 암호화 키 생성에 중요한 역할을 합니다.

 암호학과 난수의 세계는 우리의 디지털 생활을 가능하게 하는 필수적인 요소이며, 미래 사회의 안전과 프라이버시를 지키는 핵심 기술입니다. 확률론을 기반으로 한 이 분야의 발전은 우리 사회의 발전과 밀접하게 연관되어 있으며, 앞으로도 계속해서 우리의 삶을 변화시킬 것입니다. 우리는 이러한 기술의 중요성을 인식하고, 그 발전 과정에 관심을 가질 필요가 있습니다. 왜냐하면 이것이 바로 우리의 미래를 만들어가는 핵심 요소 중 하나이기 때문입니다.

16장

통계적 학습 이론

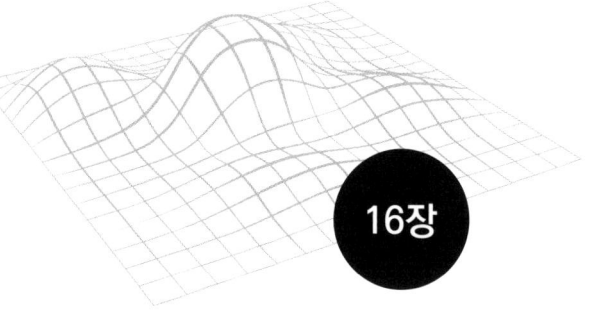

$E[aX+b] = a\,E[X] + b$

$Var(X) = E[X^2] - (E[X])^2$

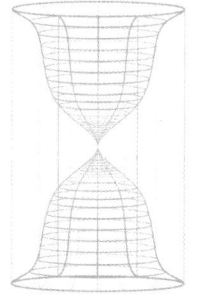

통계적
학습 이론

 우리 주변에는 인공지능이 적용된 기술들이 넘쳐나고 있습니다. 스마트폰의 음성 인식, 자율주행 자동차, 의료 영상 진단 등 다양한 분야에서 인공지능 기술이 활용되고 있죠. 이러한 인공지능 기술의 근간을 이루는 것이 바로 '통계적 학습 이론Statistical Learning Theory'입니다. 이 이론은 데이터에서 패턴을 찾아내고 예측 모델을 만드는 과정을 수학적으로 설명하는 이론으로, 현대 인공지능과 기계학습의 이론적 기반이 되고 있습니다.

 2020년 신종 코로나바이러스 팬데믹 초기, 방역 당국은 확진자 수 예측에 어려움을 겪었습니다. 기존의 감염병 모델들이 코로나19의 특성을 제대로 반영하지 못했기 때문입니다. 하지만 통계적 학습 이론을 바탕으로 한 새로운 예측 모델들이 개발되면서, 점차 더 정확한 예측이 가능해졌습니다. 이는 제한된 데이터로부터 미래를 예측하는 통계적 학습 이론의 핵심 문제를 잘 보여주는 사례입니다.

통계적 학습 이론의 핵심 아이디어는 '일반화Generalization'입니다. 일반화란 무엇일까요? 우리의 일상생활에서 예를 들어 설명해보겠습니다. 여러분이 어렸을 때 뜨거운 물에 손을 데어본 경험이 있을 것입니다. 그 후에는 뜨거운 물뿐만 아니라 뜨거운 프라이팬이나 다리미도 조심하게 되었죠. 이렇게 특정 경험에서 얻은 지식을 비슷한 상황에 적용하는 능력이 바로 '일반화'입니다.

인공지능에서의 일반화도 이와 비슷합니다. 예를 들어, 개와 고양이를 구별하는 인공지능을 만든다고 생각해봅시다. 우리는 이 AI에게 수천 장의 개와 고양이 사진을 보여주며 학습시킵니다. 그런 다음 AI가 한 번도 본 적 없는 새로운 동물 사진을 보여줬을 때, 그것이 개인지 고양이인지 정확하게 구별할 수 있다면 이 AI는 '일반화' 능력이 뛰어나다고 할 수 있습니다.

하지만 여기서 중요한 문제가 생깁니다. 우리가 AI에게 보여준 학습 데이터는 실제 세상에 존재하는 모든 개와 고양이를 다 포함할 수 없습니다. 전 세계에는 수억 마리의 개와 고양이가 있고, 각각은 조금씩 다른 모습을 하고 있습니다. 그렇다면 제한된 학습 데이터로 어떻게 일반화가 가능할까요? 이것이 바로 통계적 학습 이론이 답하려는 핵심 질문입니다.

이러한 통계적 학습 이론의 발전에 큰 기여를 한 사람 중 한 명이 블라디미르 배프닉Vladimir Vapnik입니다. 그는 "통계적 학습 이론의 본질은 유한한 데이터로부터 무한한 세계를 이해하는 것"이라고 말했습니다. 이 말은 무엇을 의미할까요? 우리가 AI에게 보여줄 수 있는 데이터는 한정되어 있지만, 그 AI가 마주하게 될 실제 세계의 상황은 무한히 다양합니다. 유한한 학습 데이터로부터 무한히 다양한 실제 상황에 대처할 수 있는 능력을 갖추는 것, 이것이 바로 통계적 학습 이론이 추구하는 목표입니다.

이 문제를 해결하기 위해 통계적 학습 이론은 확률론적 접근을 사용합니다. 학습 데이터를 전체 데이터 분포에서 무작위로 추출된 샘플로 간주하고, 이 샘플로부터 전체 분포의 특성을 확률적으로 추정하는 것입니다. 이는 여론조사에서 전체 국민을 대표하는 샘플을 선택하여 전체 국민의 의견을 추정하는 과정과 유사합니다. PAC 학습Probably Approximately Correct Learning 이론은 이런 확률적 접근의 대표적인 예입니다. 1984년 레슬리 발리언트Leslie Valiant가 제안한 이 이론은 학습 알고리즘이 "높은 확률로Probably 근사적으로 정확한Approximately Correct" 결과를 낼 수 있다는 조건을 수학적으로 정의했습니다.

PAC 학습의 핵심은 "완벽한 대신 실용적 충분함"을 추구한다는 것입니다. 100% 완벽한 정답을 요구하는 것이 아니라,

90% 확률로 95% 정확도를 달성하는 것으로 만족한다면, 훨씬 적은 데이터로도 실용적인 학습이 가능하다는 것입니다. 이는 마치 시험에서 100점을 목표로 하는 것보다 90점 이상을 안정적으로 받는 것을 목표로 하는 것과 비슷합니다.

통계적 학습 이론에서 중요한 개념 중 하나는 'VC 차원VC Dimension'입니다. VC는 러시아의 수학자 블라디미르 배프닉Vladimir Vapnik과 알렉세이 체르보넨키스Alexey Chervonenkis의 이름 첫 글자를 따서 지어졌습니다. VC 차원은 학습 알고리즘이 얼마나 복잡한 패턴을 학습할 수 있는지를 나타내는 지표입니다.

VC 차원을 이해하기 위해 간단한 예를 들어보겠습니다. 2차원 평면 위에 점들이 찍혀있다고 상상해보세요. 이 점들을 두 그룹으로 나누는 가장 간단한 방법은 직선을 그어 구분하는 것입니다. 이런 직선 모델의 VC 차원은 3입니다. 이는 무슨 뜻일까요? 2차원 평면에서 3개의 점을 어떻게 배치하더라도 직선 하나로 두 그룹으로 완벽하게 나눌 수 있다는 의미입니다.

예를 들어, 세 점이 삼각형을 이루고 있고 한 점은 검은 색, 두 점은 흰 색이라고 해봅시다. 어떤 색깔 조합이라도 직선 하나로 검은 색과 흰 색을 완벽히 구분할 수 있습니다.

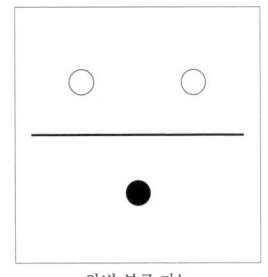

완벽 분류 가능

하지만 4개의 점부터는 어떤 배치에서는 직선 하나로 완벽히 구분할 수 없는 경우가 생깁니다.

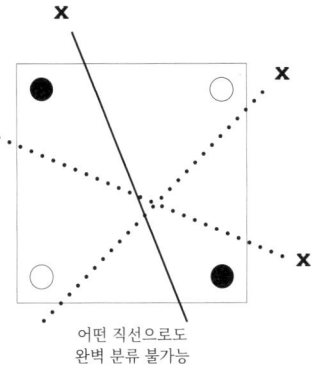

어떤 직선으로도 완벽 분류 불가능

 이 개념이 중요한 이유는 VC 차원이 학습에 필요한 데이터의 양과 직접적으로 연결되기 때문입니다. VC 차원이 높을수록 더 복잡한 패턴을 학습할 수 있지만, 동시에 더 많은 학습 데이터가 필요하고 일반화 오류가 발생할 위험도 높아집니다.

 VC 차원과 밀접하게 관련된 개념이 '일반화 오류Generalization Error'입니다. 일반화 오류는 학습된 모델이 새로운 데이터에 대해 얼마나 잘 작동하는지를 나타냅니다. 통계적 학습 이론에서는 이 오류를 두 부분으로 나누어 분석합니다: 학습 오류Training Error와 일반화 갭Generalization Gap입니다.

 학습 오류는 모델이 학습 데이터에서 보이는 성능을 말하고, 일반화 갭은 학습 오류와 실제 성능 사이의 차이를 의미합니다. 예를 들어, 학생이 문제집의 문제들은 모두 맞혔지만(낮은 학습 오류) 실제 시험에서는 성적이 좋지 않았다면(큰 일반화 갭), 이는 문제집에만 특화된 학습을 했기 때문일 수 있습니다.

VC 차원이 높을수록 복잡한 패턴을 학습할 수 있지만, 동시에 '과적합Overfitting'의 위험도 높아집니다. 과적합이란 무엇일까요? 이는 마치 시험 문제의 정답만 외워서 실제 응용 문제는 풀지 못하는 것과 같습니다. 학습 데이터에 너무 꼭 맞춰진 모델은 새로운 데이터에 대해서는 성능이 떨어질 수 있는 것이죠.

이와 관련하여 '편향-분산 트레이드오프Bias-Variance Tradeoff'라는 개념이 있습니다. 여기서 편향Bias은 모델이 현실을 단순화하여 표현하는 정도를, 분산Variance은 데이터의 작은 변화에 모델이 민감하게 반응하는 정도를 나타냅니다. 이해를 돕기 위해 예를 들어보겠습니다.

직선 모델은 편향이 크고 분산이 작습니다. 왜냐하면 직선은 복잡한 현실을 매우 단순하게 표현하지만(높은 편향), 데이터가 조금 변해도 직선의 기울기는 크게 변하지 않기 때문입니다(낮은 분산). 반면, 복잡한 다항식 모델은 편향이 작고 분산이 큽니다. 다항식은 복잡한 현실을 세밀하게 표현할 수 있지만(낮은 편향), 데이터가 조금만 변해도 곡선의 모양이 크게 바뀔 수 있기 때문입니다(높은 분산).

이 개념을 더 쉽게 이해하기 위해 과녁 비유를 사용해보겠습니다. 과녁의 중심은 '정답'이고, 화살을 쏘는 것은 '모델 예측'입니다:

· 높은 편향, 낮은 분산

화살들이 모두 비슷한 곳에 모여 있지만, 과녁 중심에서 멀리 떨어져 있습니다. 마치 조준이 잘못된 상태에서 일관되게 쏘는 것과 같습니다.

· 낮은 편향, 높은 분산

화살들이 평균적으로는 과녁 중심 근처에 있지만, 매우 넓게 흩어져 있습니다. 조준은 정확하지만 손이 떨리는 상태와 같습니다.

· 높은 편향, 높은 분산

화살들이 과녁 중심에서 멀리 떨어져 있으면서도 넓게 흩어져 있습니다. 조준도 잘못되고 손도 떨리는 최악의 상황입니다.

· 낮은 편향, 낮은 분산

화살들이 과녁 중심에 모여 있습니다. 이상적인 상황입니다.

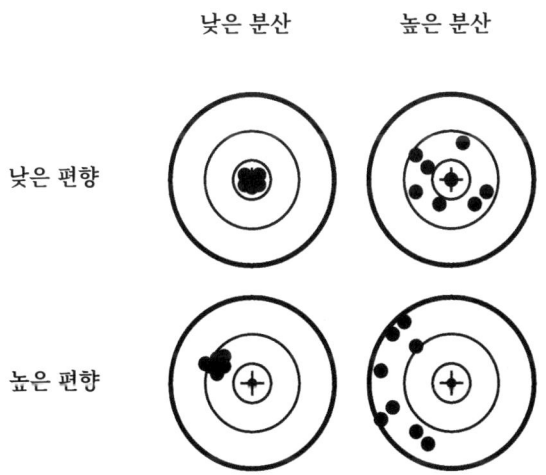

이 개념을 확률론적으로 표현하면 더 정확해집니다. 편향은 모델의 기댓값과 실제 함수 사이의 차이이고, 분산은 서로 다른 학습 데이터에 대해 학습된 모델들 사이의 변동성을 의미합니다. 수학적으로, 어떤 입력 x에서 실제 정답(목표 함수)을 $f(x)$, 학습된 모델의 예측을 $\hat{f}(x)$라고 하면,

· **편향(Bias)** = $E[\hat{f}(x)] - f(x)$
: 모델 예측의 평균 - 실제 정답

· **분산(Variance)** = $E[(\hat{f}(x) - E[\hat{f}(x)])^2]$
: 모델 예측들이 얼마나 들쭉날쭉한지의 정도

· 이제 **전체 예측오차의 기댓값**은 다음과 같이 분해됩니다.

$E[(y-\hat{f}(x))^2] = Bias^2(x) + Variance(x) + \sigma^2$

: 편향² + 분산 + 노이즈

· σ^2: 데이터 자체에 포함된 노이즈Noise로, 측정 오차나 무작위성처럼 아무리 좋은 모델이라도 줄일 수 없는 오차입니다.
· 편향²을 사용하는 이유:
편향이 -10점이든 +10점이든 오류의 크기는 같으므로, 제곱해서 항상 양수로 만듭니다. 또한 큰 편향에 더 큰 페널티를 주는 효과도 있습니다.

- 전체 오류의 구성:
  - 편향^2 = 체계적으로 틀리는 정도
  - 분산 = 예측이 불안정한 정도
  - 노이즈 = 어쩔 수 없는 측정 오차

예를 들어, 체중계로 몸무게를 재는 상황을 생각해보면:
- 편향: 체중계가 항상 2kg 무겁게 나옴
- 분산: 같은 사람이 연속으로 재도 매번 다른 값이 나옴
- 노이즈: 옷의 무게, 체중계의 기계적 한계 등

좋은 모델은 이 둘 사이의 균형을 잘 잡아야 합니다. 너무 간단한 모델은 현실을 제대로 표현하지 못하고, 너무 복잡한 모델은 노이즈까지 학습해버려 새로운 데이터에 대한 예측력이 떨어질 수 있습니다. 이것이 바로 편향-분산 트레이드오프의 핵심입니다.

오컴의 면도날Occam's Razor 원리도 통계적 학습 이론에서 중요한 역할을 합니다. 이는 "여러 가지 설명 중에서 가장 간단한 것을 선택하라"는 원리입니다. 두 모델이 비슷한 성능을 보인다면, 더 간단한 모델을 선택하는 것이 일반적으로 더 나은 일반화 성능을 보입니다.

이 원리는 최소 기술 길이(Minimum Description Length, MDL) 원리와도 연결됩니다. MDL 원리는 데이터를 설명하는 데 필요

한 정보의 양이 최소인 모델을 선택하자는 아이디어입니다. 복잡한 모델은 더 많은 정보를 필요로 하므로, 같은 성능이라면 더 간단한 모델이 선호됩니다. 파파고 번역 서비스가 좋은 예입니다. 초기에는 복잡한 규칙 기반 번역 시스템을 사용했지만, 성능이 제한적이었습니다. 하지만 통계적 학습 이론에 기반한 신경망 번역 모델을 도입하면서, 더 적은 규칙으로도 더 자연스러운 번역이 가능해졌습니다. 이는 오컴의 면도날 원리가 실제로 적용된 사례입니다.

모델의 성능을 정확히 평가하기 위해 다양한 방법들이 개발되었습니다. 그 중 대표적인 것이 '부트스트래핑Bootstrapping'과 '교차 검증Cross-Validation'입니다. 부트스트래핑은 원본 데이터에서 무작위로 샘플을 여러 번 추출하여 여러 개의 모델을 만들고 이들의 평균 성능을 측정하는 방법입니다. 이는 마치 여러 번의 시험을 치르고 그 평균 점수를 최종 성적으로 삼는 것과 비슷합니다.

부트스트래핑의 수학적 기반은 중심극한정리에 있습니다. 충분히 많은 부트스트랩 샘플을 생성하면, 모델 성능의 분포가 정규분포에 가까워집니다. 이를 통해 모델 성능의 신뢰구간을 계산할 수 있고, 서로 다른 모델들의 성능을 통계적으로 비교할 수 있습니다.

교차 검증은 데이터를 여러 부분으로 나누어 번갈아가며 학습과 검증에 사용하는 방법입니다. 5-폴드 교차 검증에서는 데이터를 5등분하여 4부분은 학습에, 1부분은 검증에 사용하고 이를 5번 반복합니다. 이런 방법들은 모델의 일반화 능력을 보다 정확하게 추정할 수 있게 해줍니다.

최근에는 여러 개의 모델을 조합하여 사용하는 '앙상블 학습 Ensemble Learning' 방법이 주목받고 있습니다. 이는 마치 여러 전문가의 의견을 종합하여 결정을 내리는 것과 비슷합니다. 날씨 예보를 들 수 있습니다. 기상청에서는 여러 기상 모델의 예측을 종합하여 최종 예보를 내립니다. 이렇게 앙상블 학습은 개별 모델의 약점을 서로 보완하여 더 안정적이고 정확한 예측을 가능하게 합니다. 만약 여러 모델이 서로 독립적이고 각각이 50%보다 약간 높은 정확도를 가진다면, 이들의 다수결 예측은 개별 모델보다 훨씬 높은 정확도를 가질 수 있습니다. 이는 베르누이 시행에서 성공 확률이 0.5보다 클 때, 시행 횟수가 증가하면 성공 비율이 성공 확률에 수렴한다는 큰 수의 법칙과 관련이 있습니다.

배깅Bagging과 부스팅Boosting은 대표적인 앙상블 기법입니다. 구체적인 예시로, 개와 고양이를 구별하는 AI를 만든다고 해봅시다. 배깅은 전체 사진 데이터에서 무작위로 80%씩 뽑아서 5개의 서로 다른 모델을 만듭니다. 새로운 사진이 들어오면 5개 모델이 각각 예측하고, 3개 이상이 "개"라고 하면 최종 답은 "개"입니다. 부스팅은 첫 번째 모델이 "털이 긴 고양이"를 "개"로 잘못 분류했다면, 두 번째 모델을 만들 때 "털이 긴 고양이" 사진들에 더 많은 가중치를 주어 학습시킵니다. 이렇게 해서 각 모델이 이전 모델의 실수를 보완하도록 합니다.

배깅 방식은 모델이 독립적이므로 병렬 처리가 가능하고, 과적합을 줄이는 효과가 있습니다. 하나의 모델이 실수해도 다른 모델들이 보완해주지만, 모든 모델이 비슷한 실수를 할 가능성이 있습니다. 부스팅 방식은 순차적으로 약점을 보완하므로 최종 성능이 매우 높을 수 있습니다. 어려운 문제에 집중해서 학습하므로 복잡한 패턴도 잘 학습할 수 있습니다. 하지만, 순차적으로 학습해야 하므로 시간이 오래 걸리고, 노이즈가 많은 데이터에서는 과적합의 위험이 있습니다.

블라디미르 배프닉이 개발한 'SVM Support Vector Machine' 이론은 통계적 학습 이론의 중요한 성과 중 하나입니다. SVM은 데이터를 고차원 공간으로 매핑한 후, 이 공간에서 데이터를 가장 잘 구분하는 경계면을 찾는 방법입니다. 이는 마치 복잡하게 얽힌 실타래를 공중으로 던져 올려 쉽게 풀 수 있는 상태로 만드는 것과 비슷합니다.

SVM의 핵심 아이디어는 '마진 최대화 Margin Maximization'입니다. 데이터를 구분하는 경계선(결정 경계)을 그을 때, 가장 가까운 데이터 포인트들과의 거리(마진)를 최대화하는 선을 찾는 것입니다. 이는 통계적 학습 이론의 관점에서 일반화 성능을 최대화하는 방법입니다. 예를 들어, 2차원 평면에서 원형으로 얽혀있는 두 그룹의 데이터가 있다고 가정해봅시다. 이를 2차원에서 직선으로 구분하는 것은 불가능합니다. 하지만 이 데이터를 3차원으로 올리면 어떨까요? 마치 종이 위의 원을 위로 들어올려 원뿔 모양으로 만드는 것처럼, 3차원에서는 평면으로 두 그룹을 쉽게 구분할 수 있게 됩니다. SVM은 이러한 아이디어를 더 높은 차원으로 확장한 것입니다. SVM은 특히 이미지 분류, 텍스트 분류 등 다양한 분야에서 뛰어난 성능을 보여주었습니다.

 SVM은 특히 이미지 분류, 텍스트 분류 등 다양한 분야에서 뛰어난 성능을 보여주었습니다. 스팸 메일 필터링에 SVM을 사용한 것이 좋은 예입니다. 수만 개의 단어 특성을 가진 고차원 공간에서 정상 메일과 스팸 메일을 구분하는 최적의 경계면을 찾아내어 높은 정확도를 달성했습니다.

 통계적 학습 이론은 계속해서 발전하고 있으며, 최근에는 딥러닝과 같은 복잡한 모델의 이론적 기반을 제공하는 데에도 중요한 역할을 하고 있습니다. 예를 들어, 왜 깊은 신경망이 효과적인지, 어떻게 하면 더 잘 학습시킬 수 있는지 등의 질문에 대한 답을 찾는 데 도움을 주고 있습니다.

 미래에는 통계적 학습 이론이 더욱 발전하여 인공지능의 '블랙박스' 문제를 해결하는 데 기여할 것으로 예상됩니다. 현재의 딥러닝 모델은 뛰어난 성능을 보이지만, 왜 그런 결정을 내렸는지 설명하기 어렵다는 한계가 있습니다. 이는 마치 학생이 문제의 답은 맞혔지만 그 풀이 과정을 설명하지 못하는 것과 비슷합니다. 통계적 학습 이론은 이러한 모델의 내부 작동 원리를 밝히고, 더 해석 가능한 AI 시스템을 만드는 데 도움을 줄 수 있을 것입니다.

또한, 통계적 학습 이론은 적은 양의 데이터로도 효과적으로 학습하는 '퓨샷 러닝Few-shot learning' 기술 발전에도 중요한 역할을 할 것입니다. 퓨샷 러닝은 인간이 몇 번의 경험만으로도 새로운 개념을 습득하는 능력을 AI에 부여하는 것을 목표로 합니다. 예를 들어, 어린 아이가 동물원에서 기린을 처음 봤을 때, 단 한 번의 경험으로 기린의 특징을 기억하고 나중에 다른 기린을 볼 때 그것이 기린임을 알아볼 수 있습니다. 이와 같은 능력을 AI에 부여할 수 있다면, 더 적은 데이터와 연산으로도 높은 성능을 내는 효율적인 AI 시스템을 개발할 수 있을 것입니다.

통계적 학습 이론은 현대 인공지능과 기계학습의 이론적 토대를 제공하고 있으며, 앞으로도 더 지능적이고 효율적인 AI 시스템 개발에 핵심적인 역할을 할 것입니다. 이 이론을 통해 우리는 데이터에서 의미 있는 패턴을 발견하고, 이를 바탕으로 더 나은 의사결정을 내릴 수 있게 될 것입니다.

통계적 학습 이론은 수학적 개념을 넘어, 우리가 세상을 이해하고 예측하는 방식에 근본적인 변화를 가져오고 있습니다. 불확실성을 정량화하고, 제한된 정보로부터 일반화된 지식을 얻는 과정은 인간의 학습과정과 본질적으로 유사합니다. 앞으로 이 이론이 어떻게 발전하고, 우리의 일상생활에 어떤 영향을 미칠지 지켜보는 것도 매우 흥미로울 것입니다.

우리가 지금까지 상상하지 못했던 새로운 기술과 서비스가 이 이론을 바탕으로 탄생할 수도 있을 것입니다. 통계적 학습 이론은 우리에게 더 똑똑하고, 더 효율적이며, 더 인간적인 AI의 미래를 약속하고 있습니다.

17장

확률 과정과 시계열 분석

$E[aX+b] = a \cdot E[X] + b$

$Var(X) = E[X^2] - (E[X])^2$

확률 과정과

시계열 분석

우리 주변의 세계는 끊임없이 변화하고 있습니다. 날씨는 시시각각 바뀌고, 주식 가격은 오르내리며, 교통 체증은 시간대에 따라 달라집니다. 이러한 변화를 무작위적인 것으로 볼 수도 있지만, 그 속에는 일정한 패턴과 규칙성이 숨어 있습니다. 이를 수학적으로 분석하고 예측하는 것이 바로 확률 과정 Stochastic Process과 시계열 분석 Time Series Analysis의 핵심입니다.

확률 과정이란 시간에 따라 변화하는 확률적 현상을 묘사하는 수학적 모델입니다. 예를 들어, 하루 동안의 기온 변화, 주식 가격의 등락, 또는 은행 창구에 도착하는 고객의 수 등이 모두 확률 과정으로 표현될 수 있습니다. 이러한 과정들은 완전히 예측 가능한 것은 아니지만, 그렇다고 완전히 무작위적인 것도 아닙니다. 바로 이 중간 지대에서 확률 과정 이론이 빛을 발합니다.

확률 과정을 이해하기 위해서는 먼저 시간의 개념을 명확히 해야 합니다. 시간을 이산적으로 나누어 생각할 수도 있고, 연속적인 흐름으로 볼 수도 있습니다. 예를 들어, 매일 오후 3시의 주식 가격을 기록한다면 이는 이산 시간 확률 과정이고, 실시간으로 변화하는 주식 가격을 추적한다면 연속 시간 확률 과정이 됩니다. 또한 관찰하는 값 자체도 이산적일 수 있고 연속적일 수 있습니다. 주사위의 눈이나 동전의 앞뒤처럼 정해진 값들만 가질 수 있다면 이산 상태 공간이고, 기온이나 주식 가격처럼 연속적인 값을 가질 수 있다면 연속 상태 공간입니다.

앞선 챕터들에서 살펴본 마르코프 과정Markov Process은 시계열 분석에서 매우 중요한 역할을 합니다. 특히 시계열 분석에서는 마르코프 과정의 장기적 행동에 관심을 가집니다. 마르코프 체인이 충분히 오랜 시간 동안 진행되면 어떤 상태에 도달할 확률이 시간에 무관하게 일정해지는 정상 분포Stationary Distribution에 수렴하게 됩니다. 이러한 수렴성은 시계열 예측에서 매우 중요한 특성입니다.

예를 들어, 웹 페이지 검색에서 사용자가 무작위로 링크를 클릭해 다닌다고 할 때, 충분히 오랜 시간이 지나면 각 페이지에 머무를 확률이 안정화됩니다. 이것이 바로 구글의 페이지 랭크 알고리즘의 핵심 아이디어입니다. 마르코프 체인의 정상 분포는 각 페이지의 중요도를 나타내며, 이는 시작 페이지가 무엇이든 상관없이 동일한 값으로 수렴합니다.

마르코프 과정의 또 다른 중요한 특성은 에르고딕성Ergodicity입니다. 에르고딕 마르코프 과정에서는 시간 평균과 공간 평균이 같아집니다. 즉, 하나의 긴 시계열을 관찰하는 것과 같은 시점에서 여러 개의 시계열을 관찰하는 것이 동일한 정보를 제공합니다. 이는 시계열 분석에서 매우 유용한 성질로, 하나의 긴 시계열 데이터만으로도 전체 확률 과정의 특성을 파악할 수 있게 해줍니다.

마르코프 과정이 현재 상태만으로 미래를 예측하는 것과 달리, 시계열 분석에서는 더 복잡한 확률 과정들도 중요한 역할을 합니다. 가우시안 과정Gaussian Process은 그 중 하나입니다. 가우시안 과정은 예측의 불확실성을 함께 제공하는 방법입니다.

예를 들어, 한 도시의 내일 전력 소비량을 예측할 때, 가우시안 과정 모델은 "내일 전력 소비량이 1,200MWh일 확률이 가장 높지만, 1,100MWh에서 1,300MWh 사이에 있을 확률이 80%이다"와 같은 정보를 제공합니다. 이는 전력 공급 회사가 적절한 발전량을 계획하고 비상 상황에 대비할 수 있게 해줍니다. 특히 데이터가 부족한 상황에서도 합리적인 예측을 할 수 있어서, 신약 개발이나 기후 변화 연구와 같은 분야에서 널리 사용됩니다.

확률 과정 이론에서 중요한 개념 중 하나는 정상성Stationarity 입니다. 정상 확률 과정은 시간이 지나도 통계적 성질이 변하지 않는 과정을 의미합니다. 예를 들어, 어떤 주식의 일일 수익률이 평균 0.1%, 표준편차 2%라는 성질을 가지고 있다면, 이것이 시간이 지나도 변하지 않는 경우 정상 과정이라고 할 수 있습니다. 하지만 실제로는 경제 상황이나 회사의 상황에 따라 이러한 성질이 변할 수 있어서, 완전히 정상적인 과정은 찾아보기 어렵습니다.

비정상 과정을 분석하기 위해서는 더 복잡한 방법이 필요합니다. 예를 들어, 추세가 있는 시계열의 경우 차분Differencing을 통해 정상 과정으로 변환할 수 있습니다. 주식 가격 자체는 비정상적이지만, 연속된 두 날의 가격 차이인 수익률은 정상적인 성질을 가지는 경우가 많습니다. 이러한 변환을 통해 복잡한 비정상 과정도 분석할 수 있게 됩니다.

시계열 분석에서 또 다른 중요한 개념은 자기상관 Autocorrelation입니다. 이는 시계열의 현재 값이 과거 값들과 얼마나 관련되어 있는지를 나타냅니다.

예를 들어, 어제의 주식 가격과 오늘의 주식 가격 사이에는 높은 자기상관이 있을 것입니다. 하지만 1년 전의 주식 가격과 오늘의 주식 가격 사이에는 낮은 자기상관이 있을 것입니다. 자기상관 함수를 분석하면 데이터의 패턴을 파악하고 적절한 모델을 선택할 수 있습니다.

계절성Seasonality도 시계열 분석에서 중요한 요소입니다. 아이스크림 판매량은 여름에 높고 겨울에 낮은 뚜렷한 계절성을 보입니다. 전력 소비량도 냉난방 수요에 따라 계절적 변동을 보입니다. 이러한 계절성을 고려하지 않으면 정확한 예측이 어렵습니다. 따라서 시계열 분석에서는 추세, 계절성, 불규칙 변동을 분리하여 각각을 따로 분석하는 방법을 사용합니다.

이러한 다양한 개념들을 바탕으로 시계열 분석이라는 강력한 방법론이 발전했습니다. 시계열 분석은 시간에 따라 순차적으로 관측된 데이터를 분석하고 미래를 예측하는 기법입니다. 가장 널리 사용되는 시계열 모델 중 하나는 ARIMA AutoRegressive Integrated Moving Average 모델입니다. ARIMA 모델은 과거의 관측값과 오차를 이용해 미래의 값을 예측합니다.

ARIMA 모델의 각 구성 요소를 살펴보면, AR 부분은 현재 값이 과거 값들의 선형 조합으로 표현될 수 있다는 가정에 기반합니다. MA 부분은 현재 값이 과거의 예측 오차들의 선형 조합으로 표현될 수 있다는 가정에 기반합니다. I 부분은 비정상 시계열을 정상 시계열로 변환하기 위한 차분 과정을 나타냅니다.

구체적으로는, AR AutoRegressive 부분은 "과거가 현재에 영향을 준다"는 아이디어입니다. 예를 들어, 이번 달 커피 판매량이 지난 달과 지지난 달 판매량과 관련이 있다는 것입니다.

만약 지난 두 달 동안 판매량이 꾸준히 증가했다면, 이번 달에도 증가할 가능성이 높다는 식으로 예측하는 것입니다.

MA_{Moving Average} 부분은 "예측 실수에서 배운다"는 개념입니다. 지난 달 예측했던 판매량과 실제 판매량 사이의 차이를 보고, 이번 달 예측에 반영하는 것입니다. 예를 들어, 지난 달에 1000개 팔릴 것이라고 예측했는데 실제로는 1200개가 팔렸다면, 이번 달 예측할 때 이런 "예측 실수"를 고려하여 조정하는 것입니다.

I_{Integrated} 부분은 "추세를 제거한다"는 의미입니다. 판매량이 계속 증가하고 있다면, 단순히 증가량만 보는 것이 예측에 더 유용할 수 있습니다. 예를 들어, 1월 1000개, 2월 1100개, 3월 1250개 팔렸다면, 절대 수치보다는 "전월 대비 증가량"에 주목하는 것입니다.

예를 들어, 월별 판매량 데이터가 있다면, ARIMA 모델을 통해 다음 달의 판매량을 예측할 수 있습니다. 이는 경영 계획, 재고 관리, 생산 계획 등에 매우 유용하게 활용됩니다. 구체적으로, 한 회사의 지난 5년간 월별 판매량 데이터를 ARIMA 모델에 입력하면, 모델은 판매량의 추세, 계절성, 그리고 불규칙적인 변동을 분석합니다. 이를 바탕으로 다음 달, 혹은 다음 분기의 예상 판매량을 제시할 수 있습니다. 이러한 예측은 회사가 적절한 양의 제품을 생산하고, 필요한 원자재를 준비하며, 인력을 배치하는 데 큰 도움이 됩니다.

모델이 얼마나 정확한지 평가하는 방법도 있습니다. 가장 간단한 방법은 "예측과 실제 결과가 얼마나 차이 나는지" 측정하는 것입니다. 예를 들어, 1000개 팔릴 것이라고 예측했는데 실제로는 950개가 팔렸다면 50개의 오차가 발생한 것입니다. 이런 오차들을 평균내서 모델의 정확도를 평가합니다. 또한 모델이 모든 패턴을 잘 찾아냈는지 확인하기 위해 "예측 실수들"을 분석합니다. 만약 예측 실수들이 무작위로 나타나고 특별한 패턴이 없다면, 모델이 데이터의 주요 패턴을 모두 잘 포착했다고 볼 수 있습니다.

시계열 분석의 또 다른 중요한 응용 분야는 경제 예측입니다. GDP 성장률, 인플레이션율, 실업률 등 주요 경제 지표들은 모두 시계열 데이터입니다. 이러한 데이터들을 분석하여 미래의 경제 상황을 예측하고, 이를 바탕으로 정부와 기업들은 중요한 정책 결정을 내립니다. 예를 들어, 중앙은행은 과거의 인플레이션 데이터를 시계열 분석하여 미래의 인플레이션율을 예측합니다. 만약 인플레이션이 목표치보다 높아질 것으로 예상된다면, 중앙은행은 선제적으로 금리를 인상하여 경제를 안정화시키려 할 것입니다.

기후 변화 연구에서도 시계열 분석은 핵심적인 역할을 합니다. 전 세계 평균 기온, 해수면 높이, 이산화탄소 농도 등의 장기 데이터를 분석하여 미래의 기후 변화를 예측하고, 이에 대한 대응 방안을 수립하는 데 활용됩니다. 예를 들어, 지난

100년간의 전 세계 평균 기온 데이터를 시계열 분석하면, 온난화 추세를 정확히 파악할 수 있고, 이를 바탕으로 향후 50년, 100년 후의 기온을 예측할 수 있습니다.

기후 데이터 분석에서 특히 중요한 것은 장기 추세와 주기적 변동을 구분하는 것입니다. 엘니뇨나 라니냐와 같은 주기적인 기후 현상은 몇 년 주기로 반복되면서 전 세계 기후에 영향을 미칩니다. 이러한 주기적 변동을 고려하지 않으면 장기 추세를 잘못 해석할 수 있습니다. 따라서 기후 과학자들은 스펙트럼 분석Spectral Analysis과 같은 방법을 사용하여 데이터에서 다양한 주기 성분을 찾아내고 분석합니다.

확률 과정과 시계열 분석의 발전에는 수많은 과학자들의 기여가 있었지만, 그 중에서도 노버트 위너Norbert Wiener의 역할은 특별히 언급할 만합니다. 위너는 사이버네틱스Cybernetics라는 새로운 학문 분야를 개척했는데, 이는 생물학적 시스템과 기계적 시스템에서의 정보 처리와 제어 과정을 연구하는 분야입니다. 위너의 연구는 확률 과정과 시계열 분석을 통신 이론, 제어 이론, 인공지능 등 다양한 분야와 연결시키는 데 큰 역할을 했습니다.

예를 들어, 위너는 신호와 잡음을 구분하는 문제에 대해 연구했습니다. 이는 오늘날 우리가 사용하는 많은 기술의 기반이 되었습니다. 자동차의 크루즈 컨트롤, 스마트홈의 온도 조절 시스템, 심지어 인공지능의 기계학습 알고리즘 등에서 위너의 아이디어를 찾아볼 수 있습니다. 예를 들어, 자동차의 크루즈 컨트롤 시스템은 현재 속도와 목표 속도 사이의 오차를 지속적으로 측정하고 보정합니다. 이는 위너가 제안한 피드백 제어 시스템의 원리를 적용한 것입니다.

확률 과정과 시계열 분석은 현대 사회의 거의 모든 분야에서 활용되고 있습니다. 날씨 예보부터 주식 시장 분석, 인구 통계 예측, 질병 확산 모델링, 신호 처리, 음성 인식 등에 이르기까지 그 응용 범위는 실로 광범위합니다. 이러한 도구들은 불확실성이 지배하는 세상에서 패턴을 찾아내고, 미래를 예측하며, 더 나은 의사결정을 내리는 데 도움을 줍니다.

예를 들어, 질병 확산 모델링에서는 SIR Susceptible-Infected-Recovered 모델과 같은 확률 과정 모델을 사용합니다. 이 모델은 인구를 감염 가능군, 감염군, 회복군으로 나누고, 시간에 따른 각 그룹의 크기 변화를 예측합니다. COVID-19 팬데믹 상황에서 이러한 모델은 정부의 방역 정책 결정에 중요한 역할을 했습니다. 더 정교한 모델들은 연령별, 지역별 특성을 고려하거나, 백신 접종률, 사회적 거리두기 효과 등을 포함하여 더 정확한 예측을 제공합니다.

음성 인식 기술에서도 확률 과정과 시계열 분석이 핵심적인 역할을 합니다. 히든 마르코프 모델 Hidden Markov Model은 음성 신호의 시간적 변화를 모델링하는 데 사용됩니다. 이를 통해 컴퓨터는 연속적인 음성 신호를 개별 단어나 문장으로 인식할 수 있게 됩니다. 음성 신호는 시간에 따라 변화하는 스펙트럼 특성을 가지고 있으며, 이러한 특성의 변화 패턴을 학습하여 음성을 인식합니다.

금융 분야에서는 고빈도 거래 데이터 분석이 중요해지고 있습니다. 밀리초 단위로 기록되는 주식 거래 데이터를 분석하여 시장의 미시 구조를 파악하고, 거래 전략을 개발하는 데 활용됩니다. 이러한 고빈도 데이터는 기존의 시계열 분석 방법으로는 다루기 어려운 특성을 가지고 있어서, 새로운 분석 방법들이 계속 개발되고 있습니다.

현대의 딥러닝 기술도 시계열 분석의 발전에 크게 기여하고 있습니다. 순환 신경망(RNN, Recurrent Neural Network)이나 장단기 메모리(LSTM, Long Short-Term Memory) 네트워크는 시계열 데이터의 장기 의존성을 학습할 수 있어서, 기존의 전통적인 시계열 모델보다 더 정확한 예측을 제공하는 경우가 많습니다. 특히 복잡한 비선형 패턴을 가진 시계열 데이터에서는 딥러닝 기법이 뛰어난 성능을 보입니다. 미래에는 빅데이터와 인공지능 기술의 발전으로 더욱 정교한 확률 과정 모델과 시계열 분석 기법이 개발될 것으로 예상됩니다. 이는 기후 변화 대응, 전염병 예방, 경제 위기 예측 등 인류가 직면한 중대한 과제들을 해결하는 데 큰 도움이 될 것입니다. 더 정확한 기후 모델을 통해 극단적인 기상 현상을 사전에 예측하고 대비할 수 있을 것입니다. 또한 더 정교한 경제 예측 모델을 통해 금융 위기를 조기에 감지하고 예방할 수 있을 것입니다.

동시에 이러한 기술의 발전은 개인정보 보호, 알고리즘의 편향성 등 새로운 윤리적 문제도 제기할 것입니다. 예를 들어, 개인의 행동 패턴을 정확히 예측할 수 있는 모델이 개발된다면, 이는 프라이버시 침해의 우려를 낳을 수 있습니다. 또한, 알고리즘이 과거의 데이터에 기반하여 미래를 예측한다는 점에서, 사회의 기존 편견이나 불평등이 그대로 미래 예측에 반영될 위험도 있습니다.

확률 과정과 시계열 분석은 수학적 방법론을 넘어 우리가 복잡하고 불확실한 세상을 이해하고 대응하는 방식을 근본적으로 바꾸고 있습니다. 이는 우리에게 미래를 더 잘 예측하고 준비할 수 있는 능력을 제공하며, 동시에 세상의 본질적인 불확실성과 복삽성에 대한 겸손한 인식을 갖게 해줍니다.

예를 들어, 기상 예보의 정확도가 높아졌다고 해서 날씨를 완전히 통제할 수 있는 것은 아닙니다. 오히려 우리는 날씨의 불확실성을 더 잘 이해하고, 그에 맞춰 더 유연하게 대응하는 법을 배우게 됩니다. 마찬가지로, 주식 시장의 움직임을 더 정확히 예측할 수 있다고 해서 모든 투자자가 항상 이익을 볼 수 있는 것은 아닙니다. 대신 우리는 금융 시장의 본질적인 불확실성을 인정하고, 그에 맞는 리스크 관리 전략을 개발하게 됩니다.

앞으로도 이 분야의 발전은 계속될 것이며, 우리의 삶과 사회에 더 큰 영향을 미칠 것입니다. 우리는 이러한 도구들을 현명하게 활용하여 더 나은 미래를 만들어 나가야 할 것입니다. 동시에 이러한 도구들의 한계와 잠재적 위험성에 대해서도 항상 경계하고 논의해야 할 것입니다. 확률 과정과 시계열 분석은 우리에게 미래를 예측할 수 있는 강력한 도구를 제공하지만, 동시에 우리가 살아가는 세상의 본질적인 불확실성과 복잡성을 더욱 깊이 이해하게 해주는 렌즈이기도 합니다.

18장

$E[aX+b] = a\,E[X]+b$

대규모 네트워크의 확률론

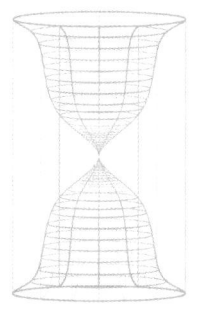

$Var(X) = E[X^2] - (E[X])^2$

대규모 네트워크의 확률론

우리 주변은 거대한 네트워크로 가득 차 있습니다. 친구 관계부터 인터넷, 교통망, 뇌의 신경망에 이르기까지 복잡하게 얽힌 네트워크 구조가 우리 삶의 기반을 이루고 있습니다. 이러한 대규모 네트워크를 이해하고 분석하는 데 있어 확률론은 핵심적인 역할을 합니다. 네트워크 과학은 20세기 후반부터 급속도로 발전한 학제간 연구 분야로, 수학, 물리학, 사회학, 생물학 등 다양한 학문이 융합되어 있습니다.

네트워크를 확률론적으로 분석한다는 것은 네트워크의 형성과 변화 과정에서 나타나는 불확실성과 패턴을 수학적으로 모델링한다는 의미입니다. 예를 들어, 새로운 사람이 소셜 네트워크에 가입했을 때 누구와 친구가 될지, 인터넷에서 새로운 웹사이트가 만들어질 때 어떤 사이트와 연결될지, 또는 뇌에서 새로운 신경 연결이 형성될 때 어떤 뉴런들이 연결될지 등은 모두 확률적 과정으로 설명할 수 있습니다.

네트워크 과학의 시작은 1960년대로 거슬러 올라갑니다. 헝가리의 수학자 폴 에르되스Paul Erdos와 알프레드 레니Alfréd Rényi가 제안한 랜덤 그래프 이론Random Graph Theory이 그 출발점입니다. 이들은 노드(점)들이 무작위로 연결되는 네트워크 모델을 제안했습니다. 구체적으로 살펴보면, 100명의 사람이 있고 각 사람이 다른 사람과 연결될 확률이 1%라고 가정해봅시다. 이렇게 만들어진 네트워크는 어떤 특성을 가질까요?

실제로 이런 조건에서 생성된 랜덤 네트워크의 모습을 시각화해보면 다음과 같습니다.

에르되스-레니 랜덤 그래프 모델
100개 노드, 연결확률 p = 1% 예시

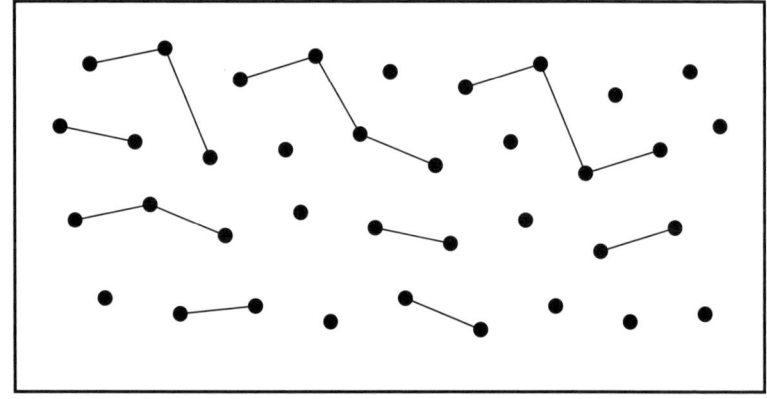

핵심 특징
- 모든 가능한 연결이 동일한 확률 p로 형성 (독립적)
- 대부분 노드가 비슷한 수의 연결을 가짐 (평균 ≈ 1개)

에르되스-레니 모델에서는 모든 가능한 연결이 동일한 확률로 형성됩니다. 마치 동전 던지기에서 앞면과 뒷면이 각각 50%의 확률로 나오는 것처럼, 임의의 두 노드가 연결될 확률이 미리 정해진 값 p로 고정되어 있습니다. 이런 방식으로 네트워크를 구성하면 대부분의 노드들이 비슷한 수의 연결을 가지게 됩니다. 100명이 있고 연결 확률이 1%라면, 각 사람은 평균적으로 약 1명의 다른 사람과 연결되지만, 실제로는 0명부터 몇 명까지 다양하게 분포합니다. 이 분포는 이항분포(Binomial Distribution, 독립적인 베르누이 시행을 n번 반복할 때 성공 횟수의 확률 분포)를 따르며, 네트워크가 커질수록 정규분포에 가까워집니다.

랜덤 그래프 이론의 가장 흥미로운 발견 중 하나는 '연결성 임계값Connectivity Threshold' 현상입니다. 연결 확률이 특정 값을 넘어서면 네트워크에서 거대한 연결 성분Giant Component이 갑자기 나타납니다. 예를 들어, 1000개의 노드가 있는 네트워크에서 연결 확률이 0.0005 정도일 때는 대부분의 노드들이 작은 무리를 이루며 따로 떨어져 있습니다. 하지만 연결 확률이 0.001을 넘어서면 갑자기 수백 개의 노드가 하나로 연결된 거대한 덩어리가 형성됩니다. 이는 물이 끓을 때 갑자기 상변화가 일어나는 것과 유사한 현상입니다.

랜덤 그래프 이론은 실제 세계의 복잡한 네트워크를 완벽하게 설명하지는 못했지만, 네트워크를 수학적으로 분석할 수 있는 기반을 마련했다는 점에서 큰 의의가 있습니다. 이는 마치 뉴턴의 물리학이 복잡한 현실 세계를 완벽히 설명하지는 못하지만, 물리학 발전의 토대를 마련한 것과 비슷하다고 할 수 있습니다. 더 중요한 것은 이 이론이 확률론과 그래프 이론을 결합하여 복잡한 시스템을 분석하는 새로운 방법론을 제시했다는 점입니다.

1998년, 네트워크 과학은 새로운 전기를 맞게 됩니다. 던컨 와츠Duncan Watts와 스티븐 스트로가츠Steven Strogatz가 '작은 세상 네트워크Small World Network' 모델을 제안한 것입니다. 이 모델은 우리 주변에서 흔히 볼 수 있는 현상을 설명합니다. '여섯 단계 분리 이론Six Degrees of Separation'이라는 말을 들어보셨나요? 이는 지구상의 어떤 두 사람도 최대 여섯 단계의 지인을 거치면 연결될 수 있다는 이론입니다.

실제로 이 이론은 여러 실험을 통해 검증되었습니다. 가장 유명한 실험은 1967년 스탠리 밀그램Stanley Milgram이 수행한 '소포 실험Small World Experiment'입니다. 밀그램은 네브래스카 주의 무작위로 선택된 사람들에게 매사추세츠 주의 특정인에게 소포를 전달해달라고 요청했습니다. 단, 소포는 직접 아는 사람에게만 전달할 수 있었습니다. 놀랍게도 성공적으로 전달된 소포들은 평균적으로 6단계만에 목적지에 도착했습니다.

이 실험의 흥미로운 점은 참가자들이 최적의 경로를 계산하지 않았음에도 불구하고, 확률적으로 효율적인 경로를 찾았다는 것입니다. 각 사람은 목표 인물에 대한 제한된 정보만 가지고 있었지만, 지역적 정보를 바탕으로 한 결정들이 누적되어 전체적으로 놀라운 효율성을 보였습니다. 이는 개별 구성요소들의 지역적 행동이 전체 시스템의 창발적 특성으로 나타나는 복잡계의 전형적인 예라고 할 수 있습니다.

더 최근의 예로, 페이스북은 2016년 자사 사용자들의 연결관계를 분석한 결과를 발표했습니다. 전 세계 사용자들이 평균적으로 3.57단계 만에 연결된다는 놀라운 결과였습니다. 이는 인터넷과 소셜 미디어의 발달로 세상이 더욱 '작아졌음'을 보여줍니다. 특히, 사용자 수가 늘어남에도 불구하고 평균 연결 단계가 줄어들었다는 점이 흥미롭습니다. 이는 네트워크 효과 Network Effect의 전형적인 예로, 네트워크가 커질수록 오히려 더 효율적이 되는 현상을 보여줍니다.

와츠와 스트로가츠는 이러한 '작은 세상' 특성이 어떻게 나타나는지를 수학적으로 설명했습니다. 그들은 규칙적인 네트워크에 약간의 무작위성을 추가하면 작은 세상 특성이 나타난다는 것을 증명했습니다. 구체적으로, 그들은 원형으로 배열된 노드들에서 시작해서, 각 연결을 확률 p로 무작위로 다시 연결하는 과정을 모델링했습니다. p가 0에 가까우면 규칙적인 네트워크이고, p가 1에 가까우면 완전히 무작위인 네트워크가 됩니다. 놀랍게도 p가 아주 작은 값(0.01 정도)만 되어도 평균 경로 길이가 급격히 줄어드는 것을 발견했습니다.

이 발견은 실제 세계의 많은 네트워크가 어떻게 구성되어 있는지를 이해하는 데 큰 도움을 주었습니다. 예를 들어, 뇌의 신경망은 대부분 근처의 뉴런들과 연결되어 있지만, 일부는 멀리 떨어진 뇌 영역과도 연결되어 있습니다. 이런 '장거리 연결'이 바로 뇌가 효율적으로 정보를 처리할 수 있게 해주는 핵심입니다. 마찬가지로 항공 노선도 대부분은 근거리 노선이지만, 몇 개의 허브 공항을 통한 장거리 노선이 전 세계를 효율적으로 연결해줍니다.

하지만 실제 세계의 네트워크는 더욱 복잡한 특성을 가지고 있었습니다. 1999년, 알버트-라즐로 바라바시Albert-László Barabási와 레카 알버트Réka Albert는 '척도 없는 네트워크Scale-Free Network'라는 새로운 모델을 제안했습니다. 그들은 월드와이드웹의 구조를 연구하던 중, 웹페이지들의 연결 관계가 특이한 패턴을 따른다는 것을 발견했습니다.

대부분의 웹페이지는 몇 개의 링크만을 가지고 있지만, 소수의 웹페이지는 엄청나게 많은 링크를 가지고 있었습니다. 이런 분포는 '멱법칙Power Law'이라고 불리는 수학적 패턴을 따릅니다. 멱법칙은 $P(k) \propto k^{-\gamma}$ 형태로 표현되며, 여기서 k는 노드의 연결 개수, γ는 보통 2와 3 사이의 값을 가지는 지수입니다. 이는 정규분포나 지수분포와는 완전히 다른 특성을 가집니다.

 멱법칙 분포의 가장 놀라운 특징은 '꼬리가 두꺼운Heavy-Tailed' 분포라는 점입니다. 정규분포에서는 평균에서 멀리 떨어진 극값이 나타날 확률이 급격히 줄어들지만, 멱법칙 분포에서는 극값이 나타날 확률이 상대적으로 높습니다. 예를 들어, 웹페이지의 링크 수가 정규분포를 따른다면 평균의 100배가 넘는 링크를 가진 페이지는 거의 존재하지 않겠지만, 멱법칙 분포에서는 그런 '슈퍼 허브' 페이지들이 실제로 존재합니다. 이런 네트워크를 '척도 없는 네트워크'라고 부르는 이유는 노드들의 연결 정도가 특정 스케일(척도)을 중심으로 분포하지 않기 때문입니다. 정규분포에서는 평균이라는 특성적인 스케일이 있지만, 멱법칙 분포에서는 그런 특성적인 스케일이 없습니다. 이는 네트워크를 확대하거나 축소해도 분포의 모양이 본질적으로 변하지 않는다는 의미입니다.

 척도 없는 네트워크의 형성 과정은 '우선적 연결Preferential Attachment' 메커니즘으로 설명됩니다. 새로운 노드가 네트워크에 추가될 때, 이미 많은 연결을 가진 노드에 연결될 확률이 더 높다는 것입니다. 수학적으로 표현하면, 연결도가 k인 노드에 새로운 연결이 추가될 확률이 k에 비례합니다. 이는 '부자가 더 부자가 되는Rich Get Richer' 현상과 유사합니다.

 이런 메커니즘이 작동하는 실제 예를 살펴보면, 새로운 웹사이트가 만들어질 때 구글이나 페이스북 같은 이미 유명한 사이트에 링크를 걸 가능성이 높습니다. 학술 논문에서도 이미 많이 인용된 논문이 새로운 논문에서 인용될 가능성이 더 높습니다. 소셜 네트워크에서도 이미 많은 친구를 가진 사람이 새로운 사람과 친구가 될 가능성이 더 높습니다. 이런 과정이 누적되면서 시간이 지날수록 부익부 빈익빈 현상이 심화되고, 결국 멱법칙 분포가 나타나게 됩니다.

이러한 척도 없는 네트워크는 실제 세계의 많은 시스템에서 발견됩니다. 인터넷 구조, 단백질 상호작용 네트워크, 항공 노선망 등이 대표적인 예입니다. 이런 네트워크는 매우 효율적인 정보나 자원의 전달 능력을 가지고 있습니다. 소수의 허브 노드들이 전체 네트워크를 연결해주기 때문에, 임의의 두 노드 사이의 거리가 매우 짧습니다. 하지만 동시에 중요한 노드들이 공격받을 경우 전체 네트워크가 쉽게 무너질 수 있는 취약점도 가지고 있습니다.

네트워크 과학의 발전은 실제 문제 해결에도 큰 도움을 주고 있습니다. 대표적인 예가 구글의 페이지랭크 알고리즘입니다. 페이지랭크는 웹페이지의 중요도를 평가하는 알고리즘으로, 구글 검색 엔진의 핵심 기술입니다. 이 알고리즘은 웹을 거대한 네트워크로 보고, 각 페이지의 중요도를 다른 페이지와의 연결 관계를 통해 확률적으로 계산합니다.

페이지랭크 알고리즘의 기본 아이디어는 '중요한 페이지는 다른 중요한 페이지들로부터 링크를 받는다'는 것입니다. 이는 마치 학술 논문에서 중요한 논문일수록 다른 논문들에서 많이 인용되는 것과 비슷한 원리입니다. 하지만 단순히 링크의 개수만 세는 것이 아니라, 링크를 제공하는 페이지의 중요도도 함께 고려합니다. 즉, 중요한 페이지로부터 받은 링크는 덜 중요한 페이지로부터 받은 링크보다 더 높은 가중치를 가집니다.

페이지랭크는 이런 아이디어를 수학적으로 정교화한 것으로, 랜덤 서퍼Random Surfer 모델이라는 확률적 개념을 사용합니다. 이 모델은 웹 사용자가 현재 페이지에서 무작위로 링크를 클릭하여 다른 페이지로 이동하는 과정을 반복한다고 가정합니다. 하지만 완전히 무작위로만 이동하는 것은 아니고, 일정 확률(보통 15%)로는 완전히 무작위로 다른 페이지로 점프할 수 있다고 가정합니다. 이는 사용자가 주소창에 직접 URL을 입력하거나 북마크를 클릭하는 행동을 모델링한 것입니다. 이런 확률적 과정이 충분히 오랜 시간 동안 진행되면, 각 페이지에 머무를 확률이 안정화됩니다. 바로 이 안정화된 확률이 그 페이지의 페이지랭크 점수가 됩니다. 수학적으로는 이것이 마르코프 체인의 정상 분포Stationary Distribution를 구하는 문제와 동일합니다. 앞선 장에서 다룬 마르코프 과정 이론이 바로 여기서 핵심적인 역할을 합니다.

페이지랭크 계산의 실제 과정을 간단한 예시로 살펴보겠습니다. 3개의 웹페이지 A, B, C가 있다고 가정해 봅시다. A

는 B와 C로 링크하고, B는 C로만 링크하며, C는 A로만 링크한다고 해 봅시다. 이제 랜덤 서퍼가 각 페이지에서 다음 페이지로 이동할 확률을 계산해야 합니다. 페이지 A에 있는 사용자는 85% 확률로 링크를 따라 B나 C로 이동하며, 각 링크에는 동일한 확률(0.85 ÷ 2 = 0.425)이 할당됩니다. 나머지 15% 확률로는 완전히 무작위로 A, B, C 중 한 곳으로 이동하며, 이때 각 페이지에는 1/3인 0.05의 확률이 분배됩니다. 따라서 A에서 B로 이동할 전체 확률은 링크를 통해 이동할 확률 0.425와 무작위로 이동할 확률 0.05를 더한 0.475(= 47.5%)가 됩니다. 이를 수식으로 표현하면 (1-d)/N + d/(페이지 A의 아웃링크 수) = (1-0.85)/3 + 0.85/2 = 0.05 + 0.425 = 0.475입니다.

이러한 계산 과정을 네트워크 구조와 함께 시각화하면 다음과 같습니다.

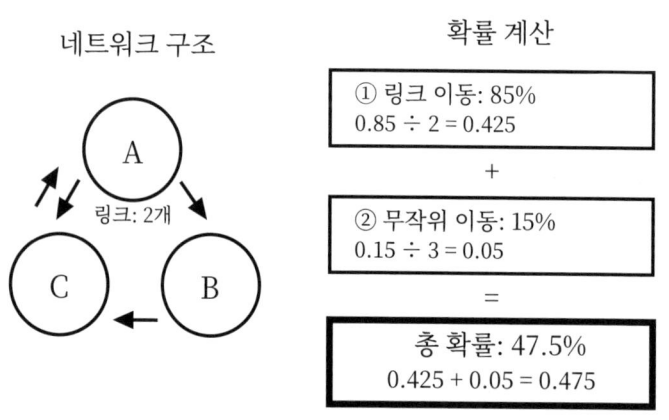

여기서 d는 댐핑 팩터Damping Factor라고 하며, 사용자가 링크를 따라 이동할 확률을 의미합니다. 일반적으로 0.85로 설정되는데, 이는 사용자가 약 85%의 확률로 현재 페이지의 하이퍼링크를 클릭하고, 15%의 확률로는 완전히 무작위로 다른 페이지를 방문한다는 가정을 반영합니다. 이때 (1 - d) / N 항은 N개의 페이지 중 하나로 무작위로 이동할 확률을, d / (아웃링크 수) 항은 현재 페이지에서 실제 링크를 따라 이동할 확률을 나타냅니다.

이런 방식으로 각 페이지에서 다른 페이지로의 이동 확률을 계산하면, 3×3 크기의 행렬(확률 행렬 또는 전이 행렬)을 만들 수 있습니다. 이 행렬의 각 칸은 "어떤 페이지에서 다른 페이지로 이동할 확률"을 나타냅니다. 예를 들어, 첫 번째 행은 페이지 A에서 출발하여 A, B, C로 이동한 확률을 보여줍니다. 이제 중요한 질문은 "시간이 충분히 흐르면, 사용자가 각 페이지에 머물 확률은 어떻게 될까?"입니다. 이 확률 분포는 수학적으로는 해당 확률 행렬의 '고유벡터eigenvector'에 해당하며, 쉽게 말해 '안정된 상태에서의 페이지별 방문 확률'을 의미합니다. 이는 마치 물이 여러 개의 그릇을 거쳐 흐르다가 어느 순간 고르게 분포된 상태로 정착하는 것과 비슷합니다.

하지만 실제 웹에는 수십억 개의 페이지가 있기 때문에, 이런 거대한 표를 직접 계산하는 것은 불가능합니다. 대신 '반복 계산법'이라는 방법을 사용합니다. 처음에는 모든 페이지가 같은 점수를 가진다고 가정하고(예: 각각 1점), 위에서 구한 이동 확률을 사용해서 새로운 점수를 계산합니다. 이 과정을 수백 번 반복하면 점수들이 안정된 값으로 수렴하게 되고, 이것이 바로 각 페이지의 페이지랭크 점수가 됩니다. 이는 마치 시행착오를 통해 정답에 점점 가까워지는 과정과 비슷합니다.

페이지랭크 알고리즘의 성공은 네트워크 과학과 확률론이 실제 세계의 복잡한 문제를 해결하는 데 얼마나 유용한지를 보여주는 좋은 예입니다. 이후 페이지랭크의 아이디어는 소셜 네트워크 분석, 생태계 내 종의 중요도 평가, 단백질 네트워크에서 중요한 단백질 찾기 등 다양한 분야에 응용되고 있습니다.

네트워크의 또 다른 중요한 특성은 '회복력Resilience'입니다. 회복력은 네트워크가 일부 노드나 링크의 손실에도 불구하고 전체적인 기능을 유지할 수 있는 능력을 말합니다. 예를 들어, 인터넷은 일부 서버나 라우터가 고장 나도 전체적인 통신 기능을 유지할 수 있어야 합니다. 전력망은 일부 발전소나 송전선이 문제가 생겨도 정전 없이 전력을 공급할 수 있어야 합니다. 네트워크의 회복력을 분석하고 향상시키는 것은 현대 사회의 중요한 과제 중 하나입니다.

네트워크의 회복력은 확률적 방법으로 분석됩니다. 가장 기본적인 방법은 퍼콜레이션 이론Percolation Theory을 사용하는 것입니다. 이 이론은 원래 다공성 물질에서 액체가 어떻게 스며드는지를 연구하기 위해 개발되었지만, 네트워크 분석에도 유용하게 적용될 수 있습니다. 노드들이 확률 p로 무작위로 제거될 때, 어떤 임계값 p_c를 넘어서면 네트워크의 거대 연결 성분이 급격히 붕괴하는 현상이 나타납니다. 예를 들어, 1000개의 노드와 평균 연결도가 4인 랜덤 네트워크가 있다고 가정해 봅시다. 처음에는 대부분의 노드들이 하나의 거대한 연결 성분에 속해 있습니다. 이제 노드들을 확률 p로 무작위로 제거해 나간다고 해 봅시다. p가 작을 때는 거대 연결 성분의 크기가 서서히 줄어들지만, p가 약 0.75(즉, 75%)에 도달하면 거대 연결 성분이 급격히 사라집니다. 이는 평균적으로 각 노드가 4개의 연결을 가지고 있을 때, 전체 노드의 4분의 3 정도를 제거하면 네트워크가 붕괴된다는 의미입니다. 이 임계값은 네트워크의 구조와 밀접한 관련이 있으며, 평균 연결도가 높을수록 더 큰 손실을 견딜 수 있습니다.

흥미롭게도, 척도 없는 네트워크는 무작위 공격에 대해서는 매우 강한 회복력을 보이지만, 중요한 노드들을 겨냥한 표적 공격에는 취약합니다. 이는 대부분의 노드가 적은 수의 연결만을 가지고 있어 무작위로 제거되어도 전체 네트워크에 큰 영향을 주지 않지만, 소수의 매우 중요한 노드들이 제거되면 네트워크가 쉽게 붕괴될 수 있기 때문입니다. 예를 들어, 인터넷의 라우터 네트워크에서 대부분의 라우터는 몇 개의 다른 라우터와만 연결되어 있지만, 주요 인터넷 서비스 제공업체ISP의 핵심 라우터들은 수백 개의 다른 라우터와 연결되어 있습니다. 이런 허브 라우터 몇 개가 동시에 공격받으면 인터넷의 상당 부분이 마비될 수 있습니다. 반면 일반적인 라우터 수십 개가 무작위로 고장 나더라도 전체 네트워크에는 거의 영향을 주지 않습니다.

이런 특성을 정량적으로 분석하기 위해서는 네트워크의 '견고성 지표Robustness Metrics'를 사용합니다. 대표적인 지표로는 네트워크 효율성Network Efficiency, 연결성 강도Connectivity Strength, 취약성 지수Vulnerability Index 등이 있습니다. 네트워크 효율성은 모든 노드 쌍 사이의 최단 경로 길이의 역수를 평균한 것으로, 네트워크가 얼마나 효율적으로 정보를 전달할 수 있는지를 측정합니다. 일부 노드가 제거되었을 때 이 값이 얼마나 감소하는지를 보면 네트워크의 견고성을 평가할 수 있습니다.

네트워크 과학은 21세기에 들어 더욱 빠르게 발전하고 있습니다. 특히 빅데이터의 시대가 도래하면서, 이전에는 상상할 수 없었던 규모의 네트워크 데이터를 분석할 수 있게 되었습니다. 소셜 미디어 네트워크, 뇌의 신경망, 글로벌 경제 네트워크 등 다양한 분야에서 네트워크 분석이 활발히 이루어지고 있습니다.

미래에는 네트워크 과학이 더욱 중요해질 것으로 예상됩니다. 인공지능과 결합하여 더 복잡한 네트워크를 분석하고 예측할 수 있게 될 것이며, 양자 컴퓨팅의 발전으로 현재로서는 불가능한 규모의 네트워크 문제도 해결할 수 있게 될 것입니다. 특히 그래프 신경망Graph Neural Network과 같은 딥러닝 기법이 네트워크 분석에 혁신을 가져오고 있습니다. 그래프 신경망은 전통적인 신경망이 격자 구조의 데이터(이미지, 텍스트 등)를 처리하는 것과 달리, 임의의 그래프 구조 데이터를 직접 처리할 수 있습니다. 이는 노드의 특성뿐만 아니라 네트워크의 구조적 정보도 함께 학습할 수 있어서, 링크 예측, 노드 분류, 그래프 분류 등 다양한 네트워크 관련 문제에서 뛰어난 성능을 보이고 있습니다.

네트워크 과학은 복잡계 과학Complex Systems Science, 시스템 생물학Systems Biology, 스마트 시티Smart City 설계, 사회 물리학Social Physics 등 다양한 분야와 융합되어 새로운 지식의 가능성을 열어가고 있습니다. 예를 들어, 도시를 하나의 복잡한 네트워크로 보고 교통망, 통신망, 상하수도망, 전력망 등의 상호작용을 분석하면 더 효율적이고 지속가능한 도시를 설계할 수 있습니다.

결론적으로, 대규모 네트워크의 확률론은 우리 주변의 복잡한 세계를 이해하고 분석하는 강력한 방법론입니다. 랜덤 그래프 이론에서 시작하여 작은 세상 네트워크, 척도 없는 네트워크 등의 발견을 거치며 발전해온 이 분야는 앞으로도 계속해서 우리의 세계 이해를 넓혀줄 것입니다. 네트워크 과학은 학문적 호기심의 대상이 아니라, 실제 세계의 문제를 해결하고 더 나은 시스템을 설계하는 데 필수적인 지식이 되고 있습니다. 우리가 살아가는 이 연결된 세상에서, 네트워크의 원리를 이해하는 것은 미래를 준비하는 중요한 열쇠가 될 것입니다.

19장

정보 기하학과 확률론

정보 기하학과 확률론

 우리는 일상생활에서 수많은 정보의 홍수 속에 살고 있습니다. 스마트폰으로 뉴스를 읽고, 친구들과 메시지를 주고받으며, 인터넷에서 필요한 정보를 검색합니다. 이렇게 넘쳐나는 정보 속에서 우리가 원하는 것을 효과적으로 찾고 처리하려면 어떻게 해야 할까요? 이런 고민 속에서 수학자들은 '정보 기하학Information Geometry'이라는 흥미로운 분야를 발견했습니다.

 정보 기하학은 확률 분포를 기하학적인 관점에서 바라보는 학문입니다. 이것은 마치 우리가 지도를 보는 것과 비슷합니다. 지도에서 도시들 사이의 거리와 위치 관계를 파악하듯이, 정보 기하학에서는 서로 다른 확률 분포들 사이의 '거리'와 '구조'를 분석합니다. 이를 통해 복잡한 데이터를 더 잘 이해하고 처리할 수 있게 되는 것입니다.

하지만 왜 확률 분포를 기하학적으로 바라봐야 할까요? 그 답은 확률 분포가 가진 본질적인 특성에 있습니다. 확률 분포는 단순한 숫자들의 나열이 아니라, 정보를 담고 있는 하나의 구조체입니다. 예를 들어, 동일한 평균을 가진 두 개의 정규 분포라도 분산이 다르면 완전히 다른 특성을 보입니다. 이런 차이점들을 기하학적 공간에서 점과 점 사이의 거리나 곡률로 표현할 수 있다면, 복잡한 확률적 현상들을 직관적으로 이해할 수 있게 됩니다.

이 분야의 핵심 개념 중 하나는 '피셔 정보 행렬Fisher Information Matrix'입니다. 앞선 장에서 만났던 로널드 피셔Ronald Fisher가 1922년에 제안한 이 개념은, 단순히 통계적 추정의 정확도를 나타내는 것을 넘어서 정보 기하학의 기초가 되었습니다. 피셔 정보 행렬은 마치 확률 분포의 '지문'과 같아서, 각 분포의 고유한 특성을 담고 있습니다.

피셔 정보의 기하학적 의미를 이해하기 위해 간단한 예를 들어보겠습니다. 동전 던지기에서 앞면이 나올 확률을 p라고 하면, 이 확률에 대한 피셔 정보는 $1/(p(1-p))$로 표현됩니다. 흥미롭게도 이 값은 p가 0.5에 가까울 때 최소가 되고, p가 0이나 1에 가까워질수록 급격히 증가합니다. 이는 동전이 공정에 가까울수록 그 편향성을 정확히 측정하기가 어려워진다는 직관과 일치합니다. 극단적으로 편향된 동전(거의 항상 앞면이나 뒷면만 나오는 동전)의 경우에는 적은 수의 시행만으로도 그 특성을 쉽게 파악할 수 있습니다.

피셔 정보 행렬이 정보 기하학에서 중요한 이유는 이것이 확률 분포 공간의 '리만 계량Riemannian Metric'을 정의하기 때문입니다. 이는 곡면 위의 거리를 재는 방법과 같습니다. 지구의 표면에서 두 점 사이의 최단거리는 직선이 아니라 대원Great Circle인 것처럼, 확률 분포 공간에서도 두 분포 사이의 '최단 거리'는 피셔 정보 행렬에 의해 정의됩니다. 이런 기하학적 구조는 통계적 추론이나 기계학습에서 매우 중요한 역할을 합니다.

실제로 날씨를 예측하는 모델을 만들 때, 피셔 정보 행렬을 이용하면 모델의 매개변수들 중 어떤 것이 예측 정확도에 가장 민감한 영향을 미치는지 알 수 있습니다. 예를 들어, 기온, 습도, 기압 등 여러 변수를 사용하는 날씨 예측 모델에서 피셔 정보 행렬을 계산하면, 각 변수의 상대적 중요도와 변수들 간의 상관관계를 파악할 수 있습니다. 또한 유전자 데이터를 분석할 때도 이 개념을 활용하여 특정 질병과 관련된 유전자 변이를 효과적으로 찾아낼 수 있습니다.

또 다른 중요한 개념으로 'KL 발산KL Divergence'이 있습니다. KL은 'Kullback-Leibler'의 약자로, 솔로몬 쿨백Solomon Kullback과 리처드 라이블러Richard Leibler 두 수학자의 이름을 따서 만들어졌습니다. KL 발산은 두 확률 분포 사이의 '거리'를 측정하는 방법입니다. 실제로 물리적인 거리를 재는 것은 아니지만, 두 분포가 얼마나 다른지를 수치로 나타냅니다.

KL 발산의 흥미로운 특성 중 하나는 대칭성을 가지지 않는다는 점입니다. 즉, 분포 P에서 분포 Q로의 KL 발산과 Q에서 P로의 KL 발산이 다를 수 있습니다. 이는 마치 두 사람의 성격이 얼마나 다른지를 점수로 매길 때, A가 B를 이해하는 정도와 B가 A를 이해하는 정도가 다를 수 있는 것과 비슷합니다. 이런 비대칭성은 정보 이론에서 매우 중요한 의미를 가집니다.

구체적인 예로, 음성 인식 시스템을 생각해 봅시다. 사용자가 "안녕하세요"라고 말했을 때, 이 음성 신호는 복잡한 파형으로 나타납니다. 시스템은 이 파형을 특성 벡터로 변환하고, 이를 확률 분포로 표현합니다. 그 다음 미리 저장되어 있는 여러 단어들의 확률 분포와 비교합니다. KL 발산을 이용하면 입력된 음성의 확률 분포와 저장된 각 단어의 확률 분포 사이의 유사도를 정확히 측정할 수 있습니다. 이를 통해 "안녕하세요"라는 단어를 정확히 인식할 수 있게 됩니다.

KL 발산과 피셔 정보 행렬 사이에는 깊은 연관성이 있습니다. 두 확률 분포가 매우 가까이 있을 때, 그들 사이의 KL 발산은 피셔 정보 행렬로 정의되는 리만 거리의 제곱에 비례합니다. 이는 미시적 관점(피셔 정보)과 거시적 관점(KL 발산)이 일관된 기하학적 구조를 형성한다는 것을 의미합니다. 마치 지구 표면에서 가까운 두 점 사이의 거리는 직선으로 재도 거의 정확하지만, 서울과 뉴욕처럼 먼 거리에서는 지구 표면을 따라 휘어진 선으로 재야 하는 것과 같습니다.

정보 기하학의 응용 중 하나로 '자연 기울기 방법Natural Gradient Method'이 있습니다. 이는 복잡한 최적화 문제를 해결하는 데 사용되는 기법입니다. 최적화란 주어진 조건에서 가장 좋은 결과를 찾는 과정을 말합니다. 일반적인 기울기 하강법Gradient Descent은 유클리드 공간의 기하학(평평한 공간에서 거리를 재는 방법)을 기반으로 하지만, 자연 기울기 방법은 확률 분포 공간의 고유한 기하학적 구조를 이용합니다.

구체적인 예로 자율 주행 자동차의 경로 최적화를 생각해 봅시다. 자동차는 출발지에서 목적지까지 가는 동안 수많은 센서 데이터를 실시간으로 처리해야 합니다. 이 과정에서 각 순간의 상황을 확률 분포로 표현히고, 가능한 행동들(직진, 좌회전, 우회전, 속도 조절 등)의 확률 분포를 계산합니다. 전통적인 방법으로는 이런 고차원의 확률 분포 공간에서 최적해를 찾기가 매우 어렵습니다. 하지만 자연 기울기 방법을 사용하면 확률 분포 공간의 기하학적 구조를 이용하여 더 효율적인 해법을 찾아낼 수 있습니다. 이 방법을 사용하면 자율 주행 자동차가 더 빠르고 안전하게 최적의 경로를 찾을 수 있습니다.

지언 기울기 방법이 기존 방법보다 우수한 이유는 표현 방식에 상관없이 항상 같은 결과를 준다는 특성 때문입니다. 예를 들어, 정규분포를 평균과 분산으로 표현할 수도 있고, 평균과 표준편차로 표현할 수도 있습니다. 일반적인 최적화 방법은 어떤 표현을 선택하느냐에 따라 다른 경로로 답을 찾아가지만, 자연 기울기 방법은 표현 방식과 상관없이 항상 동일한 경로를 따릅니다. 이는 마치 서울에서 부산까지 가는 최단 경로가 지도의 축척이나 좌표계와 상관없이 항상 동일한 것과 같은 원리입니다.

이 분야의 선구자 중 한 명인 아마리 시게루 Amari Shun-ichi 교수는 정보 기하학을 신경망 연구에 적용했습니다. 신경망은 우리 뇌의 구조를 모방한 컴퓨터 모델로, 인공지능의 핵심 기술 중 하나입니다. 아마리 교수의 연구 덕분에 우리는 인공 신경망의 학습 과정을 더 깊이 이해할 수 있게 되었고, 이는 현대 딥러닝 기술 발전의 토대가 되었습니다.

신경망 학습에서 정보 기하학이 중요한 이유는 가중치 공간의 복잡한 구조 때문입니다. 신경망의 가중치들은 고차원 공간의 점으로 표현되는데, 이 공간은 평평한 공간이 아니라 복잡하게 휘어진 공간입니다. 전통적인 학습 알고리즘은 이런 휘어진 구조를 무시하고 단순한 직선 거리를 사용하기 때문에, 때로는 비효율적인 학습 경로를 따를 수 있습니다. 반면 자연 기울기를 사용하면 가중치 공간의 실제 모양을 고려하여 더 효율적인 학습이 가능합니다. 예를 들어, 이미지 인식을 위한 신경망을 훈련시킬 때, 수백만 개의 가중치가 복잡하게 상호작용합니다. 정보 기하학적 접근법을 사용하면 어떤 가중치들이 서로 강하게 연결되어 있는지, 어떤 방향으로 학습을 진행해야 가장 효율적인지를 파악할 수 있습니다. 이런 통찰은 현재 우리가 사용하는 이미지 인식, 자연어 처리, 추천 시스템 등의 성능 향상에 직접적으로 기여하고 있습니다.

정보 기하학은 양자 정보 이론Quantum Information Theory과도 밀접한 관련이 있습니다. 양자 컴퓨터와 양자 암호 시스템 등 첨단 기술의 기반이 되는 양자 정보 이론에서도 확률론적 개념이 중요한 역할을 합니다. 양자 상태는 고전적인 확률 분포와는 다른 특성을 가지지만, 측정 결과는 여전히 확률 분포로 나타납니다. 이때 정보 기하학적 방법을 사용하면 양자 상태들 사이의 구분 가능성이나 양자 얽힘Quantum Entanglement의 정도를 정량적으로 측정할 수 있습니다.

구체적으로, 두 개의 양자 상태를 구분하는 최적의 측정 방법을 찾는 문제는 정보 기하학의 관점에서 두 확률 분포 사이의 최대 분리 가능한 거리를 구하는 문제와 동일합니다. 이는 미래의 양자 컴퓨터 개발이나 안전한 양자 통신 시스템 구축에 핵심적인 역할을 할 것입니다. 예를 들어, 양자 암호에서는 도청자의 존재를 탐지하기 위해 양자 상태의 미세한 변화를 감지해야 하는데, 이때 정보 기하학적 거리 측정법이 매우 유용합니다.

정보 기하학의 발전은 우리 일상생활에도 큰 영향을 미치고 있습니다. 스마트폰의 음성 인식 기능, 온라인 쇼핑몰의 추천 시스템, 의료 영상 분석 등 다양한 기술에 정보 기하학의 원리가 적용되고 있습니다. 음성 인식 시스템에서는 입력된 음성 신호를 확률 분포로 표현하고, 이를 기존에 저장된 패턴들과 비교하여 가장 유사한 단어나 문장을 찾아냅니다. 이 과정에서 정보 기하학적 기법들이 사용되어 인식의 정확도를 높이고 처리 속도를 개선합니다.

온라인 추천 시스템의 경우, 사용자의 과거 행동 패턴을 확률 분포로 모델링하고, 비슷한 선호도를 가진 다른 사용자들의 분포와 비교합니다. KL 발산이나 다른 정보 기하학적 거리 측정법을 사용하여 사용자들 사이의 유사도를 계산하고, 이를 바탕으로 개인화된 추천을 제공합니다. 이런 방법은 단순한 유클리드 거리나 코사인 유사도보다 더 정확한 추천을 가능하게 합니다.

의료 영상 분석에서도 정보 기하학이 중요한 역할을 합니다. CT나 MRI 영상에서 정상 조직과 병변을 구분할 때, 각 조직의 특성을 확률 분포로 모델링합니다. 정보 기하학적 방법을 사용하면 미세한 차이도 민감하게 감지할 수 있어서, 암과 같은 질병을 조기에 발견하는 데 도움이 됩니다. 특히 딥러닝과 결합할 때, 정보 기하학적 손실함수Loss Function를 사용하면 일반적인 손실함수보다 더 안정적이고 정확한 학습이 가능합니다.

 정보 기하학과 다른 학문 분야와의 융합도 활발히 이루어지고 있습니다. 생물학에서는 유전자 발현 데이터를 분석하는 데 정보 기하학적 방법을 활용하고 있습니다. 유전자 발현 패턴을 확률 분포로 표현하고, 서로 다른 조건(정상 세포 vs 암세포, 약물 처리 전후 등)에서의 발현 패턴 사이의 '거리'를 측정함으로써 질병의 메커니즘을 더 잘 이해할 수 있습니다. 특히 단일 세포 유전체학Single-cell Genomics 분야에서 정보 기하학의 활용이 주목받고 있습니다. 개별 세포들의 유전자 발현을 측정하면 매우 고차원의 데이터가 생성되는데, 이를 저차원으로 투영하여 시각화하고 분석하는 과정에서 정보 기하학적 방법들이 사용됩니다. 예를 들어, 암 조직에서 각 세포들의 발현 패턴을 분석하여 암의 진행 단계나 약물 내성 메커니즘을 파악하는 데 이런 방법들이 활용되고 있습니다.

 우주 물리학 분야에서도 정보 기하학이 중요한 역할을 하고 있습니다. 우주의 구조와 진화를 이해하는 데 있어 다양한 관측 데이터를 효과적으로 분석하는 것이 중요합니다. 정보 기하학적 방법을 통해 복잡한 우주 데이터에서 의미 있는 패턴을 발견하고, 우주의 비밀을 밝히는 데 한 걸음 더 다가갈 수 있습니다. 구체적으로, 우주 배경 복사Cosmic Microwave Background 데이터를 분석할 때 정보 기하학적 기법이 활용됩니다. 우주의 온도 분포를 거대한 확률 분포로 모델링하고,

다양한 우주론적 매개변수들(암흑물질의 밀도, 암흑에너지의 성질 등)에 따른 분포의 변화를 분석합니다. 피셔 정보 행렬을 이용하면 어떤 매개변수가 관측 데이터에 가장 민감하게 영향을 미치는지 파악할 수 있어서, 제한된 관측 시간을 가장 효율적으로 활용할 수 있습니다.

그러나 정보 기하학의 발전에는 도전과제도 존재합니다. 이론의 복잡성으로 인해 실제 응용에 어려움이 있을 수 있으며, 대규모 데이터에 대한 계산 비용이 높을 수 있습니다. 특히 고차원 데이터에서 피셔 정보 행렬을 정확히 계산하거나 KL 발산을 효율적으로 근사하는 것은 여전히 활발한 연구 주제입니다. 또한 이론의 깊이 있는 이해를 위해서는 미분기하학, 확률론, 통계학 등 다양한 수학적 배경지식이 필요하기 때문에 일반인들이 접근하기 어려울 수 있습니다.

이러한 문제를 해결하기 위해 연구자들은 계속해서 노력하고 있습니다. 더 효율적인 알고리즘을 개발하고, 직관적인 시각화 도구를 만들어 이론을 쉽게 이해할 수 있게 하는 등 다양한 시도가 이루어지고 있습니다. 예를 들어, 복잡한 확률 분포 공간을 2차원이나 3차원으로 투영하여 시각화하는 기법들이 개발되고 있어, 전문가가 아닌 사람들도 데이터의 구조를 쉽게 파악할 수 있게 되고 있습니다. 또한 컴퓨터가 복잡한 계산을 자동으로 해주는 기술의 발전으로 피셔 정보 행렬의 계산이 이전보다 훨씬 쉬워지고 있습니다. 딥러닝에서 사용하는 프로그램들이 이런 계산을 자동화하여, 연구자들이 복잡한 수학적 계산에 신경 쓰지 않고도 정보 기하학적 방법들을 실제 문제에 적용할 수 있게 되었습니다.

정보 기하학과 확률론의 만남은 우리에게 데이터를 바라보는 새로운 시각을 제공합니다. 이는 단지 숫자의 나열이 아닌, 풍부한 구조와 의미를 가진 기하학적 공간으로 데이터를 이해할 수 있게 해줍니다. 이러한 관점은 우리가 직면한 복잡한 문제들을 해결하는 데 새로운 접근법을 제공합니다. 질병의 진단이나 기후 변화 예측과 같은 복잡한 문제들을 해결하는 데 있어 정보 기하학적 접근법이 새로운 돌파구를 제공할 수 있습니다.

앞으로 정보 기하학은 더욱 발전하여 우리의 삶을 변화시킬 것입니다. 더 정확한 의료 진단, 더 안전한 자율 주행 시스템, 더 효율적인 에너지 관리 등 다양한 분야에서 혁신을 이끌어 낼 것입니다. 예를 들어, 의료 영상 분석에 정보 기하학적 방법을 적용하면 암과 같은 질병을 더 조기에 정확하게 진단할 수 있게 될 것입니다. 또한, 스마트 그리드 시스템에서 전력 수요를 예측하고 최적화하는 데에도 이 이론이 활용될 수 있습니다.

정보 기하학과 확률론의 융합은 현대 과학기술의 핵심 요소로 자리잡고 있습니다. 이는 이론적 탐구 그 이상으로, 우리의 일상생활과 미래 사회를 형성하는 데 중요한 역할을 하고 있습니다. 복잡한 세상을 이해하고 예측하는 데 있어 정보 기하학은 강력한 방법론이 될 것이며, 우리는 이를 통해 더 나은 미래를 만들어갈 수 있을 것입니다. 앞으로 정보 기하학이 어떻게 발전하고, 어떤 새로운 응용 분야를 개척할지 지켜보는 것은 매우 흥미진진한 일이 될 것입니다.

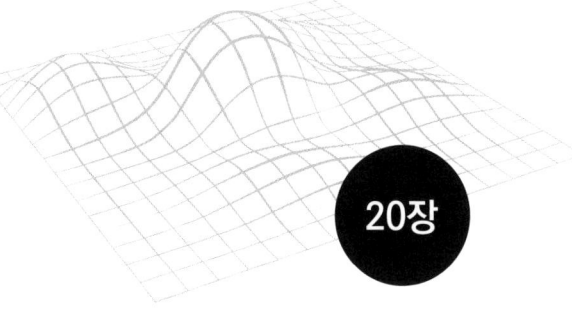

$E[aX+b] = aE[X]+b$

20장

무한차원 확률론

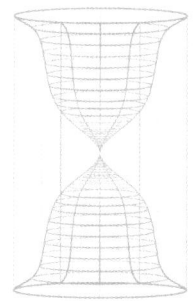

$Var(X) = E[X^2] - (E[X])^2$

무한차원 확률론

 우리 주변의 세계는 놀랍도록 복잡하고 다양합니다. 이러한 복잡성을 이해하고 분석하기 위해 수학자들은 끊임없이 새로운 방법을 개발해왔습니다. 그 중에서도 '무한차원 확률론 Infinite-Dimensional Probability Theory'은 현대 과학과 공학에서 매우 중요한 역할을 하는 분야입니다.

 먼저, '무한차원'이라는 개념이 어떻게 등장하게 되었는지 생각해봅시다. 우리가 일상에서 접하는 대부분의 확률 문제들은 유한한 차원에서 일어납니다. 예를 들어, 동전 던지기는 앞면과 뒷면이라는 두 가지 결과만 있으므로 1차원 문제입니다. 주사위 던지기는 6개의 면이 있으므로 역시 1차원이지만, 좀 더 복잡한 문제라고 할 수 있습니다.

 이제 주사위를 두 번 던지는 경우를 생각해봅시다. 이는 2차원 확률 공간이 되며, 총 36개의 가능한 결과(1-1, 1-2, …, 6-6)를 갖게 됩니다. 이런 식으로 차원을 계속 늘려간다고 상상해보세요. 3차원, 4차원, … 100차원. 차원이 늘어날수록 가능한 결과의 수는 기하급수적으로 증가합니다.

하지만 차원이 늘어남에 따라 나타나는 현상들은 우리의 직관과 점점 멀어집니다. 고차원 공간에서는 '차원의 저주Curse of Dimensionality'라고 불리는 현상이 나타납니다. 예를 들어, 100차원 공간에서 무작위로 선택한 두 점 사이의 거리는 거의 모두 비슷해집니다. 또한 고차원 구sphere의 부피는 대부분 표면 근처에 집중되어 있습니다. 구체적으로, n차원 단위구의 부피는 n이 커질수록 0으로 수렴하며, 구의 '껍질' 부분에 거의 모든 부피가 집중됩니다.

가장 이해하기 쉬운 예로, '껍질의 두께'를 전체 반지름의 20%로 설정했을 때 이 껍질 영역에 포함되는 부피 비율을 계산해보면 다음과 같습니다.

차원의 저주: 고차원에서의 부피 집중 현상

반지름의 바깥쪽 20% 영역에 집중되는 부피 비율 예시

- 고차원 공간은 실제로는 시각화가 불가능하지만, 부피 집중 현상을 이해하기 위해 개념적으로 표현한 것입니다.

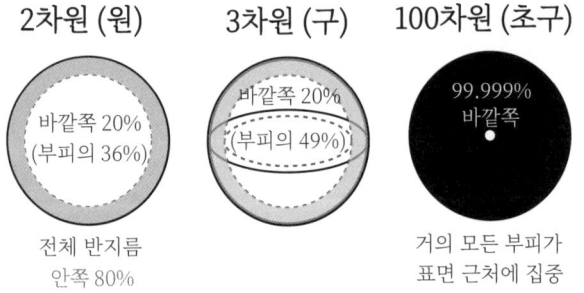

> 수학적 계산
>
> 바깥쪽 20% 영역 부피: $1 - (0.8)^n$
>
> - 2차원: $1 - (0.8)^2 = 36\%$
> - 3차원: $1 - (0.8)^3 = 49\%$
> - 100차원: $1 - (0.8)^{100} \approx 99.999\%$
>
> → 차원이 증가할수록 모든 부피가 표면으로!

> 차원의 저주 (Curse of Dimensionality)의 핵심:
>
> 1. 고차원에서는 모든 점들이 중심에서 멀어져 경계 근처에 몰림
> 2. 두 점 사이의 거리가 모두 비슷해짐 (거리 개념이 무의미)
> 3. 머신러닝에서 데이터가 희박해져 학습이 어려워짐
> 4. 차원 축소 기법의 필요성 대두

 이런 반직관적인 특성들은 확률론에서 매우 중요한 의미를 가집니다. 예를 들어, 고차원 정규분포에서 무작위로 선택한 점은 거의 확실하게 원점에서 $\sqrt{n}$ 정도의 거리에 위치합니다. 이는 중심극한정리의 무한차원 버전과 관련이 있으며, 무한차원으로 넘어가면서 더욱 극명하게 나타납니다.

 그런데 현실 세계의 많은 현상들은 이보다 훨씬 더 복잡합니다. 예를 들어, 대기 중의 입자 운동을 생각해봅시다. 공기 중에는 아보가드로 수(약 6×10^{23})에 해당하는 무수히 많은 분자들이 있고, 각 분자는 3차원 공간에서 위치와 속도를 가집니다. 이 모든 분자들의 상태를 동시에 고려하려면 어떻게 해야 할까요? 바로 이런 상황에서 '무한차원' 확률 공간이 필요해집니다.

더 구체적인 예로 온라인 게임 서버를 생각해 봅시다. 대규모 다중 사용자 온라인 게임(MMORPG)에서는 수십만 명의 플레이어가 동시에 접속하여 게임을 즐깁니다. 각 플레이어의 위치, 체력, 소지품, 행동 등을 실시간으로 추적해야 하고, 플레이어들 간의 상호작용도 모두 계산해야 합니다. 만약 게임 세계를 1미터 단위로 나누고 각 구역에서 일어나는 모든 이벤트를 추적한다면, 수백만 개의 변수가 필요합니다. 더 정밀한 게임 경험을 위해 구역을 더 세밀하게 나누면, 이론적으로는 무한개의 변수가 필요하게 됩니다.

무한차원 확률론에서 가장 중요한 개념 중 하나는 '가우스 측도Gaussian Measure'입니다. 가우스 측도는 우리가 일상에서 자주 접하는 정규분포(또는 가우스 분포)를 무한차원으로 확장한 것입니다. 정규분포가 종모양의 곡선을 그리는 것처럼, 가우스 측도도 무한차원 공간에서 비슷한 특성을 보입니다.

가우스 측도의 개념을 조금 더 직관적으로 이해해봅시다. 여러분이 대도시의 교통 제어센터에 있다고 상상해보세요. 이 센터에서는 도시 곳곳에 설치된 수천 개의 교통 감지 센서로부터 실시간으로 데이터를 받습니다. 각 센서는 해당 지점의 교통량을 측정하여 +1(혼잡) 또는 -1(원활)의 신호를 보냅니다. 센서의 수가 무한대로 늘어난다면, 이는 무한차원 공간에서의 가우스 측도와 비슷한 상황이 됩니다.

무한차원 가우스 측도의 흥미로운 특성 중 하나는 '집중 현상Concentration Phenomenon'입니다. 차원이 적을 때는 "보통의" 사건이 무엇인지 명확하지 않지만, 무한차원에서는 가우스 측도를 통해 "보통의" 무한수열이 어떤 성질을 가져야 하는지 정확히 알 수 있습니다. 예를 들어, 무한히 많은 서로 독립적인 정규분포를 따르는 숫자들의 수열을 생각해 봅시다. 이론적으로는 큰 수의 법칙에 의해 이 숫자들의 평균이 거의 확실하게 0에 가까워집니다. 이는 +값과 -값이 대략 균형을 이루기 때문입니다. 하지만 실제로 이런 수열 하나를 뽑아서 보면, 개별 숫자들은 매우 복잡하고 예측하기 어려운 패턴을 보입니다.

이런 현상이 일어나는 이유는 무한차원에서는 '전형적인' 사건들이 매우 특별한 구조를 가지기 때문입니다. 예를 들어, 무한차원 가우스 공간에서 임의로 선택한 함수는 거의 확실하게 어디에서도 미분 불가능합니다. 이는 유한차원에서는 상상하기 어려운 현상이지만, 무한차원에서는 '정상적인' 일입니다.

무한차원 확률론의 또 다른 중요한 개념은 '추상 위너 공간Abstract Wiener Space'입니다. 이는 앞선 장에서 다룬 브라운 운동을 무한차원 관점에서 정교하게 공식화한 것입니다. 노버트 위너Norbert Wiener가 개발한 이 이론은 연속 시간에서 일어나는 확률 과정을 무한차원 공간의 점으로 취급합니다.

이를 이해하기 위해 먼저 간단한 비유를 들어보겠습니다. 여러분이 거대한 도서관에 있다고 상상해 보세요. 이 도서관에는 무수히 많은 책들이 있고, 각 책은 하나의 '함수'를 나타냅니다. 브라운 운동의 경로들도 마찬가지로 무한히 많은 함수들로 이루어져 있습니다. 0부터 1까지의 시간에서 정의된 각각의 브라운 경로는 하나의 연속함수이고, 이 모든 가능한 경로들이 모여서 무한차원 공간을 이룹니다.

추상 위너 공간은 이런 '함수 도서관'에서 특별한 구조를 가진 섹션이라고 생각하면 됩니다. 이 섹션의 책들(함수들)은 모두 일정한 품질 기준을 만족합니다. 너무 거칠거나 불안정한 함수들은 제외되고, 오직 '잘 정리된' 함수들만 포함됩니다.

추상 위너 공간의 구조를 이해하기 위해서는 '재생핵 힐버트 공간(Reproducing Kernel Hilbert Space, RKHS)'이라는 개념이 중요합니다. 이 개념을 이해하기 위해 사진 편집 프로그램을 예로 들어보겠습니다.

사진 편집 프로그램에서 이미지를 확대하면 픽셀들이 보이기 시작합니다. 하지만 좋은 편집 프로그램은 '스무딩 smoothing' 기능을 사용해서 확대해도 이미지가 부드럽게 보이도록 만듭니다. 재생핵 힐버트 공간의 함수들도 이와 비슷합니다. 이 공간의 함수들은 어떤 점에서 값을 확인하더라도 주변 점들과 자연스럽게 연결되어 있어서 '부드럽고' 안정적입니다. 좀 더 구체적으로 설명하면, 재생핵 힐버트 공간은 다음과 같은 특별한 성질을 가집니다. 이 공간의 임의의 함수 f에 대해, 특정 점 x에서의 함수값 f(x)를 구하는 것이 '연속적인' 연산이라는 것입니다. 이는 함수가 조금 변하면 함수값도 조금만 변한다는 의미입니다. 마치 좋은 품질의 스피커에서 음량을 조금 조절하면 소리도 부드럽게 변하는 것과 같습니다.

브라운 운동의 경우, 이 공간은 절대연속이고 제곱적분 가능한 함수들로 구성됩니다. 절대연속이라는 것은 함수가 '계단식으로 뛰지 않고' 연속적으로 변한다는 의미입니다. 제곱적분 가능하다는 것은 함수의 변화량이 너무 크지 않아서 수학적으로 다룰 수 있다는 의미입니다.

예를 들어, 주식 가격의 변화를 생각해 보면, 실제 주식 가격은 거래 시간 중에는 연속적으로 변하지만 (절대연속), 하루 만에 10배로 뛰거나 0이 되는 일은 거의 없습니다 (제곱적분 가능). 이런 '현실적인' 함수들만 모아 놓은 것이 바로 브라운 운동의 재생핵 힐버트 공간입니다.

위너 공간의 특별한 성질 중 하나는 '준-불변성 Quasi-Invariance'입니다. 이 개념을 이해하기 위해 다음과 같은 비유를 사용해 봅시다. 어떤 도시의 교통 체증 패턴을 생각해보세요. 평상시에는 출근 시간대에 특정 구간이 막히고, 점심시간에는 다른 구간이 막힙니다. 이제 새로운 지하철 노선이 하나 생겼다고 가정해봅시다. 이 노선은 교통 흐름을 바꾸지만, 전체적인 교통 패턴의 '본질'은 유지됩니다. 여전히 출근 시간대에는 교통이 복잡하고, 심야 시간대에는 한산합니다.

준-불변성도 이와 비슷합니다. 위너 측도(브라운 운동의 확률적 성질을 나타내는 척도)가 특정한 변환에 대해 준-불변성을 가진다는 것은, 변환 후에도 본질적인 확률적 구조가 유지된다는 의미입니다. 구체적으로, 브라운 운동의 경로를 조금씩 움직이거나 변형시켜도, 전체적인 확률적 특성은 근본적으로 변하지 않습니다. 이 성질은 무한차원 공간에서의 적분 변환을 가능하게 만드는 핵심적인 특성입니다.

이런 수학적 구조가 왜 중요한지 실제 예를 들어 설명해 보겠습니다. 주식 시장을 생각해봅시다. 수많은 주식들이 있고, 각각의 가격이 시시각각 변화합니다. 이러한 변화는 서로 연결되어 있어서, 한 주식의 가격 변동이 다른 주식들에게도 영향을 미칩니다. 더 나아가, 이자율 시장에서는 1개월, 3개월, 6개월, 1년, 2년… 모든 기간에 대한 이자율이 동시에 변화합니다. 이론적으로는 무한히 많은 시점의 이자율을 모두 고려해야 하므로, 이는 본질적으로 무한차원 문제가 됩니다.

HJM Heath-Jarrow-Morton 모델이나 BGM Brace-Gatarek-Musiela 모델 같은 현대적 이자율 모델들은 이런 복잡한 상황을 다루기 위해 무한차원 확률 이론을 사용합니다. 이들 모델에서 이자율의 변화는 위너 공간에서의 확률 과정으로 표현됩니다. 이는 마치 바다의 파도가 시간에 따라 변하는 것을 수학적으로 기술하는 것과 같습니다. 각 시점에서의 파도의 높이가 이자율에 해당하고, 파도 전체의 움직임이 이자율 곡선의 변화에 해당합니다.

이런 금융 모델들을 실제로 사용하려면 복잡한 계산이 필요합니다. 바로 여기서 '말리아빈 미적분학Malliavin Calculus'이 핵심적인 역할을 합니다. 이는 프랑스의 수학자 폴 말리아빈Paul Malliavin이 개발한 것으로, 무한차원 공간에서의 미분과 적분을 다루는 이론입니다. 일반적인 미적분학이 유한차원 공간에서 함수의 변화를 분석하는 데 사용된다면, 말리아빈 미적분학은 무한차원 확률 공간에서 확률 변수들의 '민감도'를 분석하는 데 사용됩니다. 만약 여러분이 복잡한 기계를 조작하는 기술자라고 가정해보세요. 이 기계에는 수많은 다이얼과 버튼이 있고, 각각을 조금씩 조정하면 기계의 최종 결과물이 달라집니다. 일반적인 미적분학이 다이얼 하나를 돌렸을 때 결과가 어떻게 변하는지 알려준다면, 말리아빈 미적분학은 무한히 많은 다이얼을 동시에 고려할 때 결과가 어떻게 변하는지 알려줍니다.

말리아빈 미적분학의 핵심 아이디어는 확률변수를 위너 공간의 방향으로 미분하는 것입니다. 이는 마치 산의 경사면에서 어느 방향으로 가야 가장 빠르게 올라갈 수 있는지를 찾는 것과 비슷합니다. 다만 여기서는 산이 무한차원 공간에 있고, 각 방향이 하나의 함수를 나타냅니다. 이때 사용되는 미분 연산자를 '말리아빈 미분Malliavin Derivative'이라고 하며, 기호로는 D로 표현합니다.

이를 좀 더 구체적으로 설명해보겠습니다. 음식점 운영을 하는 상황을 생각해봅시다. 오늘의 매출은 메뉴 가격, 재료 품질, 직원 서비스, 날씨, 주변 경쟁업체 상황 등 수많은 요인들에 의해 결정됩니다. 각 요인이 조금씩 바뀌면 예상 매출도 달라집니다. 말리아빈 미분은 이런 '민감도'를 정확히 계산하는 방법입니다. 확률변수 F(여기서는 오늘의 매출)에 대해 DF는 각 요인의 변화에 대한 F의 반응을 나타냅니다.

그런데 이런 민감도 계산이 왜 중요할까요? 답은 말리아빈 미적분학의 가장 중요한 결과인 '적분 부분법Integration by Parts Formula'에 있습니다. 일반 미적분학에서 부분적분이 복잡한 적분을 계산하는 데 도움이 되듯이, 무한차원에서의 적분 부분법도 복잡한 확률적 계산을 가능하게 합니다.

음식점 예시로 돌아가서 설명해보겠습니다. 일반적으로 매출의 평균값을 구할 때는 모든 가능한 상황을 고려해서 복잡한 계산을 해야 합니다. 하지만 말리아빈 미분을 사용한 적분 부분법을 쓰면, 매출이 각 요인에 얼마나 민감하게 반응하는지(민감도)를 계산함으로써 같은 결과를 더 쉽게 얻을 수 있습니다. 마치 복잡한 길을 돌아가는 대신 지름길을 찾는 것과 같습니다.

이런 '지름길'이 가능한 이유는 앞서 설명한 위너 공간의 준-

불변성 때문입니다. 위너 측도가 특정 변환에 대해 본질적 성질을 유지한다는 것은, 복잡한 확률적 계산을 더 간단한 형태로 바꿀 수 있다는 것을 의미합니다. 즉, 준-불변성이 있기 때문에 말리아빈 미분을 통한 적분 부분법이 작동할 수 있는 것입니다.

이 공식의 실용적 중요성을 금융 옵션 거래의 예를 들어 설명해보겠습니다. 금융 시장에서 옵션 가격의 '그릭스Greeks'라는 개념이 있습니다. 이는 옵션 가격이 여러 요인들의 변화에 얼마나 민감하게 반응하는지를 나타내는 지표입니다.

자동차 운전에 비유해보면, 델타(Δ)는 액셀러레이터의 민감도와 같습니다. 주식 가격(액셀러레이터)을 조금 밟으면 옵션 가격(차량 속도)이 얼마나 변하는지를 나타냅니다.

수식으로 표현하면 다음과 같습니다:

$$\Delta = \partial(옵션\ 가격) / \partial(주식\ 가격)$$

이는 주식 가격이 1원 오르면 옵션 가격이 얼마나 변하는지를 보여줍니다. 예를 들어, 델타가 0.5라면 주식 가격이 100원 오를 때 옵션 가격은 50원 오른다는 뜻입니다. 베가(ν)는 날씨 변화에 대한 민감도와 같습니다. 시장의 변동성(날씨)이 바뀌면 옵션 가격이 얼마나 영향을 받는지를 보여줍니다:

$$\nu = \partial(옵션\ 가격) / \partial(변동성)$$

무한차원 확률론

변동성이 1% 증가할 때 옵션 가격이 얼마나 변하는지를 나타냅니다. 일반적으로 변동성이 높아지면 옵션 가격도 상승합니다.

복잡한 옵션의 경우, 이러한 민감도를 계산하는 것이 매우 어려울 수 있습니다. 하지만, 말리아빈 미적분학을 사용하면 이런 문제를 우아하게 해결할 수 있습니다. 복잡한 수치 계산 대신, 하나의 시뮬레이션으로 모든 그릭스를 동시에 정확히 계산할 수 있습니다. 이는 마치 한 번의 측정으로 자동차의 연비, 속도, 엔진 온도를 모두 알 수 있는 것과 같습니다. 특히 '가중치 방법Weight Method'을 사용하면, 하나의 시뮬레이션으로 모든 그릭스를 동시에 계산할 수 있어서 계산 효율성이 크게 향상됩니다.

무한차원 확률론은 양자장 이론Quantum Field Theory에서도 핵심적인 역할을 합니다. 양자장 이론은 우주의 가장 기본적인 입자들과 그들 사이의 상호작용을 설명하는 물리학 이론입니다. 이를 이해하기 위해 다음과 같은 비유를 사용해봅시다. 호수의 표면을 생각해보세요. 잔잔한 호수 위에 돌을 던지면 파동이 생깁니다. 이 파동은 호수 전체로 퍼져나가며, 다른 파동과 만나면 서로 상호작용합니다. 양자장 이론에서는 우주 전체가 이런 '장field'으로 가득 차 있다고 봅니다. 입자들은 이 장에서 일어나는 진동이나 파동으로 이해됩니다.

문제는 이런 장이 공간의 모든 점에서 정의되어야 한다는 것입니다. 우주는 연속적이므로, 이론적으로 무한히 많은 점들이 있습니다. 따라서 양자장을 완전히 기술하려면 무한차원 확률론이 필요합니다. 양자장 이론에서 경로적분Path Integral은 핵심적인 계산 방법입니다. 이는 리처드 파인만Richard Feynman이 개발한 방법으로, 입자가 한 점에서 다른 점으로 가는 모든 가능한 경로를 고려하여 확률을 계산합니다.

 예를 들어, 여러분이 집에서 직장까지 출근하는 상황을 생각해봅시다. 지도상으로는 여러 가지 경로가 있습니다. 고속도로를 이용하는 빠른 경로, 시내를 통과하는 경로, 우회도로를 이용하는 경로 등등. 각 경로마다 소요 시간이 다르고, 교통 상황에 따라 확률도 다릅니다. 파인만의 경로적분은 이 모든 경로를 동시에 고려하여 '평균적인' 도착 시간을 계산하는 것과 같습니다.

 다만 양자역학에서는 경로의 개수가 무한히 많고, 각 경로에 대한 '가중치'를 계산하는 것이 매우 복잡합니다. 이때 무한차원 확률론의 기법들이 필요합니다.

 구체적인 예로 ϕ^4 이론을 살펴봅시다. 이름이 복잡해 보이지만, 사실 매우 기본적인 물리 상황을 다루는 이론입니다. 'ϕ(파이)'는 우주 공간에 퍼져있는 하나의 '장field'을 나타냅니다. 이 장을 물의 파도처럼 생각해보세요. 파도가 높은 곳에서는 에니지기 크고, 낮은 곳에서는 에너지가 작습니다. ϕ^4 이론에서도 마찬가지로 장의 값이 클수록 더 많은 에너지를 가집니다.

'φ⁴'라는 이름이 붙은 이유는 이 장이 자기 자신과 특별한 방식으로 상호작용하기 때문입니다. 네 개의 장이 한 점에서 만날 때 상호작용이 일어납니다. 이는 마치 네 명의 사람이 한 지점에서 만나서 대화를 나누는 것과 비슷합니다. 두 명이 만나면 간단한 대화가 되지만, 네 명이 만나면 훨씬 복잡하고 흥미로운 대화가 됩니다.

이런 복잡한 상호작용을 수학적으로 기술하는 방법이 바로 경로적분입니다. 이 이론의 핵심은 다음과 같은 경로적분으로 표현됩니다:

$$Z = \int \exp(-S[\phi]) \, D\phi$$

이 수식을 일상 언어로 풀어보겠습니다. S[φ]는 '작용함수 Action Functional'라고 불리는데, 이는 각 장 구성이 얼마나 '자연스러운지' 또는 '가능성이 높은지'를 나타내는 함수입니다. 마치 피겨 스케이팅에서 심판이 연기의 완성도에 따라 점수를 매기는 것과 비슷합니다. 작용함수의 값이 작을수록 해당 장 구성이 나타날 가능성이 높습니다.

이를 날씨에 비유해보면, 여름에 30도의 기온은 자연스럽지만(작용함수 값이 작음) 겨울에 30도는 매우 부자연스럽습니다(작용함수 값이 큼). exp(-S[φ])는 이런 '자연스러움'을 확률로 바꿔주는 역할을 합니다. 마이너스 부호가 붙어 있어서,

작용함수 값이 작을수록(더 자연스러울수록) 확률이 높아집니다.

Dφ는 모든 가능한 장 구성에 대한 '종합(적분)'을 의미합니다. 이는 우주의 모든 점에서 일어날 수 있는 모든 가능한 상황을 다 고려한다는 뜻입니다. 마치 전국의 모든 지역에서 일어날 수 있는 모든 날씨 상황을 고려하는 것과 같습니다.

문제는 이 적분이 일반적인 의미로는 정의되지 않는다는 것입니다. 왜냐하면 무한차원 공간에서는 일반적인 '길이'나 '부피'의 개념이 작동하지 않기 때문입니다. 3차원 공간에서는 상자의 부피를 가로×세로×높이로 계산할 수 있지만, 무한차원에서는 이런 단순한 계산이 불가능합니다.

이 문제를 해결하기 위해 수학자들은 특별한 확률론적 방법을 개발했습니다. 무한차원 공간에서 직접적인 '측정'을 하는 대신, 확률의 개념을 활용하여 우회적으로 접근하는 것입니다. 이는 마치 어둠 속에서 물체의 모양을 직접 볼 수 없을 때, 손으로 만져보며 형태를 파악하는 것과 비슷합니다. 무한차원 공간도 확률적 '촉감'을 통해 그 구조를 이해할 수 있게 됩니다.

2차원에서의 ϕ^4 이론은 '구성적 양자장 이론Constructive Quantum Field Theory'의 중요한 성공 사례입니다. 여기서는 확률론적 방법을 사용하여 양자장의 존재를 수학적으로 엄밀하게 증명할 수 있습니다. 이는 마치 복잡한 레시피를 보고 그 요리가 실제로 만들어질 수 있음을 증명하는 것과 같습니다. 레시피(수학 공식)가 아무리 복잡해도, 각 단계가 실제로 실행 가능하다면 최종 요리(양자장)는 존재할 수 있습니다.

 흥미롭게도, 이런 엄밀한 수학적 증명이 가능한 것은 확률론적 접근법 덕분입니다. 양자장을 하나의 확률 게임으로 생각하면, 그 존재 여부를 확률의 규칙으로 판단할 수 있습니다. 이는 복잡한 퍼즐을 직접 맞추는 대신, 각 조각이 올바른 위치에 있을 확률을 계산하여 전체 퍼즐의 완성 가능성을 알아내는 것과 같습니다. 이런 방법을 통해 물리학자들의 직관적인 아이디어와 수학자들의 정확한 증명 사이에 다리를 놓을 수 있게 됩니다.

 이런 이론적 토대 위에서 무한차원 확률론은 현대 과학과 공학의 많은 분야에서 핵심적인 역할을 하게 되었습니다. 기후 변화 예측을 생각해봅시다. 지구의 대기와 해양은 무수히 많은 변수들로 구성된 복잡한 시스템입니다. 각 지역의 온도, 습도, 바람, 해류 등이 모두 상호작용하며 변화합니다. 여기서 중요한 것은 이런 변수들이 서로 독립적이지 않다는 점입니다. 한 지역의 기온 상승이 다른 지역의 강수량에 영향을 미치고, 이는 다시 해류의 변화를 일으킵니다. 이런 복잡한 상호작용을 모델링하기 위해서는 무한차원 확률론이 필수적입니다. 기후 모델에서 사용하는 앙상블 예측은 바로 이런 무한차원 확률적 접근법의 실제 적용 사례입니다.

양자 컴퓨팅에서도 비슷한 상황이 나타납니다. 양자 상태의 중첩을 다루기 위해 무한차원 힐베르트 공간을 사용하는데, 이는 양자 정보가 기존 컴퓨터의 0과 1을 넘어서는 무한한 가능성을 가지고 있기 때문입니다. 양자 컴퓨터에서 발생하는 노이즈와 오류를 정정하는 과정 역시 무한차원 확률론의 방법을 사용합니다.

 무한차원 확률론의 미래 전망도 매우 밝습니다. 양자 중력 이론 같은 최첨단 물리학 분야에서는 시공간 자체를 확률적으로 다루는 접근법이 연구되고 있는데, 이는 무한차원 확률론의 완전히 새로운 응용 분야가 될 것입니다. 기존 물리학에서는 시공간을 고정된 무대로 생각했지만, 양자 중력 이론에서는 시공간 자체가 확률적으로 요동치는 동적 대상이 됩니다. 또한 복잡계 과학에서는 사회·경제 시스템이나 생태계 같은 거대하고 복잡한 시스템을 모델링하는 데 무한차원 확률론이 점점 더 중요한 역할을 할 것으로 예상됩니다. 이런 시스템들은 수많은 구성 요소들이 복잡하게 상호작용하며, 각 요소의 행동이 전체 시스템에 예측하기 어려운 영향을 미칩니다. 무한차원 확률론은 우리의 직관을 넘어서는 추상적인 개념들을 다루지만, 그 응용은 매우 실질적이고 광범위합니다. 이 분야의 연구는 계속해서 우리의 세계관을 확장시키고, 미지의 영역을 탐험하는 데 도움을 줄 것입니다.

 이제 우리는 확률의 춤이 펼쳐지는 무대를 가장 넓은 시야에서 바라보았습니다. 동전 던지기의 소박한 호기심에서 시작하여 무한차원의 추상적 세계까지, 우리는 확률론이라는 거대한 지적 모험을 함께 걸어왔습니다. 카드 게임의 순열과 조합에서 발견한 경우의 수의 마법, 로또 번호에 숨겨진 확률의 진실, 암호학의 난수 세계에서 예측 불가능성의 가치까지, 각각의 여정은 우리에게 세상을 바라보는 새로운 관점을 선사했습니다. 보험과 주식시장에서 우리는 위험과 기회를 계산하는 법을 배웠고, 선거 예측과 범죄 수사에서는 베이즈 정리가 보여주는 학습과 추론의 힘을 경험했습니다. 양자역학의 확률적 세계관, 시계열 분석은 시간의 흐름 속에서 패턴을 찾는 방법까지, 확률론은 현대 과학의 모든 영역에서 핵심적인 역할을 하고 있음을 확인했습니다.

우리는 이 여행을 통해 확률이 우연이 아니라, 불확실성 속에서 질서를 발견하고 미래를 준비하는 지혜라는 것을 배웠습니다. 확률론은 우리에게 완벽한 예측은 불가능하지만, 그 불확실성을 이해하고 활용할 수 있다는 것을 가르쳐 주었습니다.

 앞으로도 확률의 춤은 계속될 것입니다. 양자 컴퓨터가 만들어낼 새로운 불확실성, 기후 변화가 가져올 예측 불가능한 변화, 그리고 아직 상상하지 못한 복잡한 현상들이 우리를 기다리고 있습니다. 하지만 우리는 이제 확률이라는 나침반을 가지고 있습니다. 이 나침반이 가리키는 방향을 따라, 우리는 불확실한 미래를 향해 용기 있게 나아갈 수 있습니다. 확률의 춤은 끝나지 않으며, 우리는 모두 이 춤의 파트너이자 관객이며, 동시에 안무가이기도 합니다. 매일 아침 일어나 내리는 선택부터 인류의 미래를 결정하는 중대한 결정까지, 우리의 삶은 확률로 가득 차 있습니다.

 이 책을 통해 여러분이 확률의 언어를 이해하고, 그 춤의 리듬에 맞춰 더 현명하고 아름다운 삶을 살아가시기를 바랍니다. 확률의 춤은 계속되고, 우리는 그 속에서 희망을 발견하며 함께 전진해 나갈 것입니다.

✦ 참고문헌

1. 동전 던지기의 비밀
- Bernoulli, J. (1713). Ars conjectandi. Thurnisius.
- Electronic Frontier Foundation. (2016). Diceware: Create secure passphrases you can remember. Electronic Frontier Foundation.
- Kalid, K. (2007). Understanding the birthday paradox. BetterExplained.
- Laplace, P.-S. (1902). A philosophical essay on probabilities (F. W. Truscott & F. L. Emory, Trans.). John Wiley & Sons. (Original work published 1814)
- Letellier, C. (2011). A history of chaos theory. Philosophical Transactions of the Royal Society A, 369, 1589-1605.
- Los Alamos National Laboratory. (2023). Hitting the jackpot: The birth of the Monte Carlo method. Los Alamos National Laboratory.

2. 주사위와 확률의 춤
- Suetonius. (ca. 121 CE). The life of Julius Caesar (A. Thomson, Trans.). (Original work published in Latin as Vita Divi Iulii.)
- Sun, D. L. (2019). Lesson 1: Probability and counting. Manuscript in preparation.
- Shackleford, M. (2023). Craps appendix 2: House-edge tables. Wizard of Odds.

3. 카드의 마법: 순열과 조합
- Courant, R. (2001). Chevalier de Méré's problem and the birth of probability. In P. L. Bernstein, Against the gods (pp. 45-49). Wiley.
- Thorp, E. O. (1962). Beat the dealer. Vintage.

4. 로또의 확률적 진실
- British Museum. (2022). Lottery funding for the museum, 1753-1761. BM Archives.
- International Trade Administration. (2021, January 27). Scratch-off sales soar in pandemic. Texas Standard.
- Kahneman, D. (2011). Thinking, fast and slow. Farrar, Straus & Giroux.
- Kahneman, D., & Tversky, A. (1979). Prospect theory: An analysis of decisions under risk. Econometrica, 47, 263-291.
- Korea Herald. (2009, February 3). Lotteries boom in crisis.
- Korea Lottery Commission. (n.d.). Game guide: Lotto 6/45 combinations.
- National Archives of Korea. (2019). History of Korean lotteries 1969-2019. Government Press.
- National Severe Storms Laboratory. (2024). Lightning FAQ.
- PBS. (n.d.). How risky is flying?

5. 날씨 예보의 확률 게임
- DeepMind. (2025). WeatherNext (research report).
- ECMWF. (2023). Ensemble prediction system user guide.
- IPCC. (2014). AR5 WG1 summary for policymakers. World Meteorological Organization.
- Madaus, L. E., et al. (2018). Impacts of assimilating smartphone pressure observations. Weather & Forecasting, 33(5), 1445-1462.
- Richardson, L. F. (1922). Weather prediction by numerical process. Cambridge University Press.
- The Guardian. (2024, November 10). Why better forecasts pay.
- Yassminh, R. (2024). Practical Bayesian inference for data scientists. Medium.

6. 유전학과 확률의 만남
- Balding, D. J. (2014). Forensic DNA statistics. Stanford University Press.
- Khan Academy. (2019). Hardy-Weinberg and Mendelian genetics.
- Kuchenbaecker, K., et al. (2017). Risks of breast and ovarian cancer for BRCA1/2 carriers. JAMA, 317, 2402-2416.
- National Institute of Justice. (2023). Population genetics for forensic analysts.
- Rawlins, M. D. (2022). Prevalence and incidence of Huntington's disease. Movement Disorders, 37, 681-690.
- U.S. Food and Drug Administration. (2024). Warfarin (Coumadin) label.

7. 보험과 위험의 수학
- Chen, J. (2024). Value at risk (VaR). Investopedia.
- Ciecka, J. (2006). Edmond Halley's life table and its uses. DePaul University.
- Coffee and commerce 1652-1811. (n.d.). Lloyd's of London.
- Embrechts, P. (2011). Extreme-value theory as a risk-management tool. Risk Management Magazine, 58(4), 12-19.
- National Human Genome Research Institute. (2021). Genetic discrimination.

8. 주식시장의 확률 게임
- Black, F., & Scholes, M. (1973). The pricing of options and corporate liabilities. Journal of Political Economy, 81, 637-654.

- Coronado, J. (2012). Nanosecond trading could make markets go haywire. Wired.
- Davis, M. (2014). Louis Bachelier's Theory of speculation. Risk Magazine, 27(9), 45–52.
- Fama, E. F. (1970). Efficient capital markets: A review of theory and empirical work. Journal of Finance, 25(2), 383–417.
- Investopedia. (2025). Black Monday.

9. 선거 예측의 확률론
- Arrow, K. J. (1951). Social choice and individual values. Yale University Press.
- Pilkington, E. (2012, November 7). Numbers nerd Nate Silver's forecasts prove all right. The Guardian.
- PBS. (2000). Segment 7 – The Gallup poll.
- Squire, P. (2004). President Landon and the 1936 Literary Digest poll. Presidential Studies Quarterly, 34, 89–104.

10. 범죄 수사와 베이즈 정리
- Bayes, T. (1763). An essay toward solving a problem in the doctrine of chances. Philosophical Transactions of the Royal Society, 53, 370–418.
- Hill, A. (2005). Miscarriages of justice: The Sally Clark case. Oxford University Press.
- Thompson, W. C., & Cole, S. (1997). DNA, distortion and the Simpson trial. Prometheus.

11. 양자역학과 확률의 춤
- Aspect, A., Dalibard, J., & Roger, G. (1985). Bell's inequality test: Experimental verification. Europhysics Letters, 1, 173–178.
- Born, M. (1970). Atomic physics (8th ed.). Blackie & Son.
- Heisenberg, W. (1949). The physical principles of the quantum theory. Dover. (Original work published 1930)
- Planck, M. (1959). The theory of heat radiation (2nd ed.). Dover. (Original work published 1906)
- Schrödinger, E. (1995). The interpretation of quantum mechanics. Ox Bow Press. (Original work published 1935)

12. 생태계의 확률 모델
- Thuiller, W., Lavorel, S., Araújo, M. B., Sykes, M. T., & Prentice, I. C. (2005). Climate change threats to plant diversity in Europe. Proceedings of the National Academy of Sciences, 102(23), 8245–8250.
- MacArthur, R. H., & Wilson, E. O. (1967). The theory of island biogeography. Princeton University Press.
- Snyder, N. F. R., & Schmitt, N. J. (2002). The California condor: A saga of natural history and conservation. Academic Press.
- Volterra, V. (1931). Variations and fluctuations of animal numbers. In Animal ecology (pp. 193–225). McGraw-Hill.

13. 뇌과학과 의사결정 이론
- Kahneman, D., & Tversky, A. (1979). Prospect theory: An analysis of decisions under risk. Econometrica, 47, 263–291.
- Libet, B. (1983). Time of conscious intention to act in relation to cerebral activities. Brain, 106, 623–642.
- Schultz, W. (1997). Neural substrate of prediction and reward. Science, 275, 1593–1599.

14. 인공지능과 기계학습
- Markov, A. A. (1907/1971). Extension of the limit theorems of probability theory to a sum of variables connected in a chain (R. A. Howard, Trans.). In R. A. Howard (Ed.), Dynamic probabilistic systems: Vol. 1. Markov chains (App. B, pp. 552–576). Wiley. (Original work published 1907)
- Sebastiani, F. (2002). Machine learning in automated text categorization. ACM Computing Surveys, 34(1), 1–47.
- Silver, D., et al. (2016). Mastering the game of Go with deep neural networks and tree search. Nature, 529, 484–489.

15. 암호학과 난수의 세계
- Bennett, C., & Brassard, G. (1984). Quantum cryptography: Public-key distribution and coin tossing. In Proceedings of IEEE ISIT (pp. 175–179). IEEE.
- Kleinjung, T., et al. (2010). Factoring 768-bit RSA using the quadratic sieve. In Advances in cryptology – CRYPTO 2010 (pp. 333–350). Springer.
- Shannon, C. E. (1948). A mathematical theory of communication. Bell System Technical Journal, 27, 379–423, 623–656.
- Yin, J., et al. (2017). Satellite-based entanglement distribution over 1200 km. Science, 356(6343), 1140–1144.

16. 통계적 학습 이론
- Breiman, L. (1996). Bagging predictors. Machine Learning, 24, 123–140.
- Cortes, C., & Vapnik, V. (1995). Support-vector networks. Machine Learning, 20, 273–297.
- Freund, Y., & Schapire, R. E. (1997). A decision-theoretic generalization of on-line learning and an application to boosting. Journal of Computer and System Sciences, 55, 119–139.
- Rabiner, L. R. (1989). A tutorial on hidden Markov models and selected applications in speech recognition. Proceedings of the IEEE, 77, 257–286.
- Valiant, L. G. (1984). A theory of the learnable. Communications of the ACM, 27(11), 1134–1142.
- Vapnik, V. N. (1998). Statistical learning theory. Wiley.

17. 확률 과정과 시계열 분석
- Box, G. E. P., Jenkins, G. M., & Reinsel, G. C. (1970). Time series analysis: Forecasting and control. Holden-Day.
- Wiener, N. (1948). Cybernetics: Control and communication in the animal and the machine. MIT Press.

18. 대규모 네트워크의 확률론
- Albert, R., Jeong, H., & Barabási, A.-L. (2000). Error and attack tolerance of complex networks. Nature, 406, 378–382.
- Barabási, A.-L., & Albert, R. (1999). Emergence of scaling in random networks. Science, 286, 509–512.
- Backstrom, L., et al. (2012). Four degrees of separation. Proceedings of the National Academy of Sciences, 109, 180–185.
- Brin, S., & Page, L. (1998). The anatomy of a large-scale hypertextual Web search engine. Computer Networks, 30(1-7), 107–117.
- Erdős, P., & Rényi, A. (1959). On random graphs I. Publicationes Mathematicae, 6, 290–297.
- Watts, D. J., & Strogatz, S. H. (1998). Collective dynamics of "small-world" networks. Nature, 393, 440–442.

19. 정보 기하학과 확률론
- Amari, S.-I. (1998). Natural gradient works efficiently in learning. Neural Computation, 10, 251–276.
- Amari, S.-I., & Nagaoka, H. (2000). Methods of information geometry. American Mathematical Society.
- Aronszajn, N. (1950). Theory of reproducing kernels. Transactions of the American Mathematical Society, 68, 337–404.
- Cameron, R. H., & Martin, W. T. (1944). Transformations of Wiener integrals under translations. Annals of Mathematics, 45, 386–396.
- Casella, G., & Berger, R. L. (2002). Statistical inference (2nd ed.). Duxbury.
- Fisher, R. A. (1922). On the mathematical foundations of theoretical statistics. Philosophical Transactions of the Royal Society A, 222, 309–368.
- Gross, L. (1967). Abstract Wiener spaces. In Proceedings of the Fifth Berkeley Symposium on Mathematical Statistics and Probability (Vol. 2, pp. 31–42). University of California Press.
- Kullback, S., & Leibler, R. A. (1951). On information and sufficiency. Annals of Mathematical Statistics, 22, 79–86.

20. 무한차원 확률론
- Feynman, R. P., & Hibbs, A. R. (1965). Quantum mechanics and path integrals. McGraw-Hill.
- Fournié, E., Lasry, J.-M., Lebuchoux, J., Lions, P.-L., & Touzi, N. (1999). Applications of Malliavin calculus to Monte Carlo methods in finance. Finance and Stochastics, 3, 391–412.
- Glimm, J., & Jaffe, A. (1987). Quantum physics: A functional-integral point of view (2nd ed.). Springer.
- Heath, D., Jarrow, R., & Morton, A. (1992). Bond pricing and the term structure of interest rates. Econometrica, 60, 77–105.
- Ledoux, M. (2001). The concentration of measure phenomenon. American Mathematical Society.
- Vershynin, R. (2018). High-dimensional probability. Cambridge University Press.

확률의 춤: 일상을 뒤바꾸는 수학의 마법

초판 1쇄 발행 2025년 9월 3일

지은이 김상현

펴낸곳 루미너리북스

기획 및 제작 이소연

디자인 이은지

출판등록 제2024-000017호

주소 서울시 동작구 양녕로 265, 3층

홈페이지 https://luminarybooks.co.kr/

이메일 luminary@gaisys.com

ISBN 979-11-429-3546-6   03470

*책값은 뒤표지에 표기되어 있습니다.
*이 전자책은 저작권법에 의하여 보호를 받는 저작물이므로 무단전재와 무단복제를 금합니다.
이를 위반 시에는 형사/민사상의 법적 책임을 질 수 있습니다.
*All rights are reserved. Unauthorized reproduction and replication are prohibited.
Violations may result in criminal and civil liabilities.
*잘못된 책이나 파손된 책은 구입하신 서점에서 교환하여 드립니다.

루미너리북스는 "지식을 쉽고 깊게, 그리고 넓게"라는 비전을 품은 출판사입니다.
우리가 만드는 책 한 권이 여러분의 사고를 확장시키는 작은 빛이 되기를 꿈꿉니다.
제휴 및 기타 문의 luminary@gaisys.com